普通高等教育艺术设计类·新形态教材·
浙江省普通本科高校"十四五"重点立项建设教材

一流专业与一流课程系列教材建设

设计图学
——图解思维与构造表达

李超　虞宇翔　张涛　张振华　编著

中国水利水电出版社
www.waterpub.com.cn
·北京·

内 容 提 要

本教材全面系统地阐述了设计图学的起源、基础原理及实践操作。全书分为认识图学、形态图解、构造表达和制图实践等4篇，共13章，主要内容为：新时代的中国制造，图学，设计图学，几何元素的投影原理，基本立体，立体的截切，立体的相贯，组合体，工程制图基础，工程图样表达方法，手工测绘，计算机绘图基础和家具与家居智能制图。

本教材注重理论与实践相结合，通过丰富的图例和案例分析，帮助读者深入理解设计图学的原理和应用，并结合设计实践案例，帮助读者巩固所学知识，提高实际操作能力。

本教材为纸数融合新形态一体化教材，配有丰富的微课视频、多媒体课件、教案等教学资源，可登录行水云课平台，扫描书中二维码观看学习。

本教材可供高等学校工业设计、机械设计和艺术设计等相关专业的师生使用，也可供相关设计人员参考。

图书在版编目（CIP）数据

设计图学 ：图解思维与构造表达 / 李超等编著.
北京 : 中国水利水电出版社, 2025. 6. -- (浙江省普通本科高校"十四五"重点立项建设教材) (普通高等教育艺术设计类新形态教材) (一流专业与一流课程建设系列教材). -- ISBN 978-7-5226-3095-3
Ⅰ. TB23
中国国家版本馆CIP数据核字第2025JB2632号

书　名	浙江省普通本科高校"十四五"重点立项建设教材 普通高等教育艺术设计类新形态教材 一流专业与一流课程建设系列教材 **设计图学——图解思维与构造表达** SHEJI TUXUE——TUJIE SIWEI YU GOUZAO BIAODA
作　者	李　超　虞宇翔　张　涛　张振华　编著
出版发行	中国水利水电出版社 （北京市海淀区玉渊潭南路1号D座　100038） 网址：www.waterpub.com.cn E-mail：sales@mwr.gov.cn 电话：（010）68545888（营销中心）
经　售	北京科水图书销售有限公司 电话：（010）68545874、63202643 全国各地新华书店和相关出版物销售网点
排　版	中国水利水电出版社微机排版中心
印　刷	清淞永业（天津）印刷有限公司
规　格	210mm×285mm　16开本　11.5印张　334千字
版　次	2025年6月第1版　2025年6月第1次印刷
印　数	0001—3000册
定　价	**65.00元**

凡购买我社图书，如有缺页、倒页、脱页的，本社营销中心负责调换

版权所有·侵权必究

前言

随着制造业的快速发展，信息技术与制造技术的深度融合推动了制造向数字化、网络化和智能化方向发展，这一变化对新时期的人才培养提出了新的挑战。为满足市场对具备新型图学思维人才的需求，我们编写了这本书，旨在为读者提供一本内容全面且实用的设计图学教材。

本教材共 13 章，主要特点如下：

（1）内容面广，系统性强。本教材内容涵盖了认识图学概论、形态图解几何形体及其投影规律、构造表达产品工程制图及制图实践等方面，为读者构建了完整的设计图学知识体系。

（2）坚持基础理论与实践应用结合。本教材注重理论与实践相结合，通过丰富的图例分析，帮助读者深入理解设计图学的原理和应用。同时，本教材还配备了练习和思考题，帮助读者巩固所学知识，提高实际操作能力。

（3）图例丰富，深入浅出，便于读者自主复习学习。本教材构建了以设计案例为中心的"理论视频－典型案例－实践练习"知识模块集，帮助学生实现基于网络的"记忆—理解—运用"的层级递进式自主学习方式。

（4）将抽象枯燥的画法几何理论知识与产品设计实践密切关联。本教材通过具体的产品设计案例和具象有趣的案例图片，形象有趣地进行知识的传播，让学生轻松快乐地掌握知识要领，并增强理论学习的实用性，提高学生学习的积极性。

（5）以项目化的设计实践驱动相关设计知识的学习。本教材通过设置多个实践活动，帮助读者加强对理论知识的掌握与设计应用能力培养，同时体现了学习中的自主性与个性化。

（6）以企业的高新技术为支点。本教材引入智能制图软件"酷家乐"进行教学，实现教育资源与行业企业需求的互联互通。

参与编写本教材的人员有：浙江理工大学李超副教授（负责编写第 1 章、第 3 章、第 6 章、第 7 章和全书统稿），浙江理工大学虞宇翔副教授（负责编写第 4 章和

第 5 章），浙江理工大学张涛副教授（负责编写第 2 章、第 8 章和第 9 章），福建农林大学张振华博士（负责编写第 12 章和第 13 章）。

  本教材获得浙江理工大学教材建设项目资助。在教材编写过程中，浙江理工大学张祖耀教授、张一弛老师及杭州群核信息技术有限公司教育事业部总经理闫凤博、教育事业部产教融合总监茅晚菱为本书提供设计图学与人机工程学尺寸、点线面的造型文法、家具与家居智能制图的专业资料，研究生王伟婷、本科生朱海华及童剑玮、何宣莹、汪自强、张若研同学校核书稿和绘制 CAD 图纸，在此表示衷心的感谢！同时，还要感谢出版社的工作人员，是你们的辛勤付出让本教材得以出版发行。

  由于编者水平有限，书中难免有疏漏和不当之处，恳请读者批评指正。

编者
2025 年春

目录

前言

第一篇　认识图学

第1章　新时代的中国制造 /3
1.1　中国载人空间站 ················· 3
1.2　北斗卫星导航系统 ··············· 4
1.3　中国盾构机 ····················· 4
1.4　港珠澳大桥 ····················· 4
1.5　C919飞机 ······················ 5
1.6　001A型航空母舰 ················ 5

第2章　图学 /7
2.1　图学的起源 ····················· 7
2.2　图学的发展 ···················· 10

第3章　设计图学 /16
3.1　设计图学的研究对象与内容 ····· 16
3.2　设计图学与形象思维能力培养 ··· 17
3.3　设计图学与人机工程学尺寸 ····· 20
3.4　设计图学与几何构图 ··········· 23
3.5　设计图学与工业设计 ··········· 25

第二篇　形态图解

第4章　几何元素的投影原理 /31
4.1　投影的基本原理 ················ 31
4.2　点线面的投影规律 ·············· 34
4.3　点线面的相对位置 ·············· 38

4.4 曲线与曲面的投影规律 …………………………………………………………… 42
4.5 点线面的造型文法 ………………………………………………………………… 44

第5章　基本立体 /48

5.1 平面立体及表面取点 ……………………………………………………………… 48
5.2 曲面立体及表面取点 ……………………………………………………………… 50

第6章　立体的截切 /54

6.1 立体的截切及其造型的文法 ……………………………………………………… 54
6.2 平面立体的截切 …………………………………………………………………… 57
6.3 曲面立体的截切 …………………………………………………………………… 59
6.4 立体截切的进阶 …………………………………………………………………… 66

第7章　立体的相贯 /70

7.1 立体的相贯及其造型的文法 ……………………………………………………… 70
7.2 相贯立体分类和相贯线的特殊情况 ……………………………………………… 73
7.3 两曲面立体相贯 …………………………………………………………………… 76
7.4 两平面立体相贯 …………………………………………………………………… 77
7.5 平面立体与曲面立体相贯 ………………………………………………………… 79

第8章　组合体 /81

8.1 组合体及组合方式 ………………………………………………………………… 81
8.2 组合体视图 ………………………………………………………………………… 83

第三篇　构造表达

第9章　工程制图基础 /91

9.1 制图国家标准的基本规定 ………………………………………………………… 91
9.2 几何作图 …………………………………………………………………………… 97

第10章　工程图样表达方法 /101

10.1　视图与剖视图 …………………………………………………………… 101
10.2　断面图与局部放大图 …………………………………………………… 107
10.3　表达方法综合运用 ……………………………………………………… 110
10.4　产品测绘 ………………………………………………………………… 111

第四篇　制图实践

第11章　手工测绘 /121

11.1　手工测绘 ………………………………………………………………… 121
11.2　手工测绘的应用场景 …………………………………………………… 122
11.3　案例实践：公共座椅三视图测绘 ……………………………………… 125

第12章　计算机绘图基础（Auto CAD）/126

12.1　AutoCAD绘制工程图的基本操作 ……………………………………… 126
12.2　AutoCAD绘制图像对象 ………………………………………………… 131
12.3　基本编辑命令 …………………………………………………………… 140
12.4　文字与尺寸标注 ………………………………………………………… 153
12.5　案例实践 ………………………………………………………………… 157

第13章　家具与家居智能制图 /160

13.1　酷家乐设计软件概述 …………………………………………………… 160
13.2　酷家乐云设计5.0 ………………………………………………………… 161
13.3　酷家乐动画 ……………………………………………………………… 165
13.4　酷家乐案例绘制 ………………………………………………………… 167

参考文献 /175

视频资源索引 /176

第一篇
认识图学

设计图学的学习内容与课程特点

　　本篇探讨了制图技术在新时代中国制造业中的应用及其重要性。首先,以中国载人空间站、北斗卫星系统、盾构机技术、港珠澳大桥、C919 飞机和 001A 型航空母舰等国家重大工程项目为例,展示了中国制造业在高科技和高精度领域的快速发展及其国际影响力;接着,系统回顾了图学的起源、发展历程和前沿应用;从古埃及的象形文字与中国古代工程图学,到现代计算机辅助设计(CAD)技术的广泛应用,彰显了图学作为一门科学在技术进步中的关键作用;最后,强调了设计图学在工业设计中的专业应用,包括形象思维的能力的培养与人机工程学尺寸考量,以及如何利用图学知识优化产品设计,从而提升产品的质量与美感。

第1章　新时代的中国制造

第1章课件

知识要点：了解新时代中国制造的尖端技术。
能力目标：培养学科知识的国家实践视野。
思政目标：培养强国自信与使命担当意识。

制造业是一个国家智慧与发展的动力，中国制造是全球认知度最高的品牌之一。从服装到高铁列车，从芯片到北斗卫星，今天我们生活的每一方面，都和制造业息息相关。

我国多颗北斗卫星发射，国产大型水陆两栖飞机AG600水上首飞，港珠澳大桥通车运营，首艘国产航母完成海试……一系列举世瞩目的成就表明我国的科技水平已经居于世界前列。在当今科技飞速发展的时代，制造将面临越来越多的挑战。新时代的中国制造正朝向高科技和高精度的方向发展：在工业纵深领域发展自主关键技术；提升制造工艺水平，力争制造出国际领先的芯片等精密器件。

1.1　中国载人空间站

空间站是人类探索太空的前哨站。经过50多年的发展，空间站在空间科学研究、技术试验和科普教育等方面取得了重大成果，显著推动了人类文明的进步，也成为衡量一个国家综合国力的重要标志。中国载人空间站（China Space Station）是我国首个分次发射并在轨组装建造的大型复杂航天器（图1.1.1），其研制流程具有统筹规划及多线并举的特点。

2010年9月，中央专门委员会批准实施载人空间站工程。2012年3月，天宫空间站完成了立项综合论证，转入方案设计阶段。2014年6月，天宫空间站方案设计阶段工作结束，转入

图1.1.1　中国载人空间站

初样研制阶段，工作组首先开展了系统、详细的方案设计，随后各舱段并行开展详细方案设计及试验、测试和验证工作。2019—2021年，天和核心舱、问天实验舱和梦天实验舱依次完成初样研制，转入正样研制阶段[1]。

1.2 北斗卫星导航系统

中国北斗卫星导航系统（BeiDou Navigation Satellite System，BDS）是我国自主研发的全球卫星导航系统，也是继美国的全球定位系统（Global Positioning System，GPS）和俄罗斯的格洛纳斯卫星导航系统（Global Navigation Satellite System，GLONASS）之后的第三个成熟的卫星导航系统。BDS、GPS、GLONASS和欧盟伽利略卫星导航系统（Galileo Satellite Navigation System，GALILEO），均是联合国卫星导航委员会认定的供应商。随着全球组网的成功，BDS未来的国际应用空间将不断拓展。

2023年5月17日10时49分，我国在西昌卫星发射中心成功发射了第56颗北斗导航卫星（图1.2.1）。该卫星属于地球静止轨道卫星，是我国北斗三号工程的首颗备份卫星。该卫星的发射将进一步提升系统服务性能，对推广北斗系统的特色服务及支撑北斗系统的规模应用具有重要意义[2]。

图1.2.1　北斗导航卫星发射

1.3 中国盾构机

盾构机是一种采用盾构法的隧道掘进机，集光、机、电、液、传感及信息诸多技术于一体，广泛应用于地铁、铁路和水利等基础设施和能源领域。它代表了一个国家的高端装备技术水平，处于地下工程产业链的核心地位，因此被称为"工程机械之王"。

2001年，"关于隧道掘进机关键技术的研究"项目被正式列入国家"863"计划，中国铁路工程总公司（中国铁路工程集团有限公司前身）成立了中铁装备盾构研发项目组。2008年，中铁隧道装备制造有限公司（中铁工程装备集团有限公司前身）成功研制出我国第一台具有自主知识产权的复合式土压平衡盾构机，填补了我国在复合盾构制造领域的空白，从此拉开了盾构机国产化的序幕。图1.3.1所示为2022年在中国–东盟博览会展出的京华号盾构机，它是我国迄今为止研制的最大直径盾构机[3]。

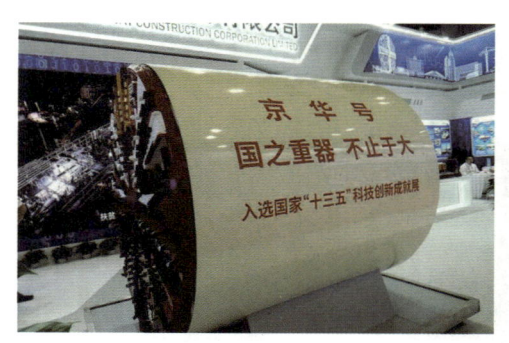

图1.3.1　京华号盾构机

10多年来，中铁工程装备集团有限公司的盾构机产销量连续5年位居世界第一，充分证明了国际市场对中国高端装备制造的认可。

1.4 港珠澳大桥

港珠澳大桥（Hong Kong–Zhuhai–Macao Bridge）是我国境内一座连接香港、广东珠海和澳门的桥隧工程

（图1.4.1），位于广东省珠江口伶仃洋海域内，为珠江三角洲地区环线高速公路的南环段。港珠澳大桥于2009年12月15日动工建设，2018年10月24日上午9时开通运营，2020年8月16日，港珠澳大桥口岸的珠澳货运通道正式启用。港珠澳大桥因其超大的建筑规模、空前的施工难度和顶尖的建造技术而闻名于世[4]。

图1.4.1　港珠澳大桥

1.5　C919飞机

C919飞机，即中国商飞C919（COMA C919），是我国按照国际民航规章自行研制，拥有自主知识产权的大型喷气式民用飞机，座级158~168座，航程4075~5555 km。

中国的航空市场在不断扩大，未来20年，民航客机需求将超过6000架。巨大的市场需求促使中国工程师开始研发适合自身需求的大型客机。C919将成为未来航空运输的主力机型，它由超过100万个零部件组装而成，每一个部件的制造都是对行业品质的极限挑战（图1.5.1）。2022年5月14日，中国商飞公司首架C919大飞机首次飞行试验圆满完成。7月25日，六架C919试飞机圆满完成全部试飞任务。8月1日，中国商用飞机有限责任公司宣布C919完成取证试飞。12月9日，全球首架C919飞机正式交付首发用户。

图1.5.1　C919飞机的先进技术

1.6　001A型航空母舰

改革开放40多年来，中国海军建设取得了举世瞩目的成就。中国海军从最初的陆战辅助力量发

图 1.6.1　001A 型航空母舰

展成为战略性军种，担负起保卫国家领海主权、保障国家海上安全和维护海洋权益的重要使命。

2017 年 4 月 26 日，我国第二艘航空母舰——001A 型航空母舰（图 1.1.6）在中国船舶重工集团公司大连造船厂举行了下水仪式。001A 型航母是我国首艘自主建造的新型航空母舰，该航母基于对苏联库兹涅佐夫级航空母舰和我国辽宁号航空母舰的研究，由我国自行改进研发而成，是我国真正意义上的第一艘国产航空母舰[5]。

大国重器的制造是我国国力强盛的重要体现。随着我国供给侧结构性改革的深入推进，我国制造业正发生着历史性的变革。在世界 500 种主要工业产品中，中国有 40% 以上的产品产量位居世界第一，多个行业形成了规模庞大及技术领先的生产能力。高技术制造业占规模以上工业增加值比重从 2012 年的 9.4% 提高到 2021 年的 15.1%，新技术、新材料、新装备和新工艺得到了广泛应用。光伏、新能源汽车、家电、智能手机及消费级无人机等重点产业跻身世界前列，通信设备、工程机械及高铁等一大批高端品牌走向世界，制造业水平不断向高端跃升[6]。

随着信息技术与制造技术深度融合，制造业向数字化、网络化和智能化方向发展，这对新时期的人才培养提出了新的挑战。科学研究和技术创新引领制造业的转型升级，未来，具备新型图学思维的人才将在提升产品设计能力与产品质量，推动制造业技术创新，践行绿色制造等领域全面助力我国制造业的发展。

第2章 图学

知识要点：了解图学的起源、中外发展历程和前沿应用。
能力目标：培养图学知识兴趣。
思政目标：培养科技自信与探求知识的好奇心。

2.1 图学的起源

图形是人类认识自然，表达和交流思想的主要形式之一，其历史源远流长。

2.1 课件

2.1.1 原始图画与文字

远古时代，人类采用简单的图形来记述事件和交流思想，从古埃及的象形文字到中国的古文字，这些符号都传达了人类对自然的理解与转译（图 2.1.1 和图 2.1.2）。如今的图形显然与先人们使用过的那些较为原始的图形截然不同，但不可否认的是，它们有着一定的历史渊源。从 4000 多年前的殷商时代出土的陶器、竹板和铜器上的花纹可以看出，我们的祖先在当时已经有了简单的绘图能力，并掌握了绘制几何图形的技能（图 2.1.3）。

图 2.1.1 古埃及象形文字

图 2.1.2 中国古文字

图 2.1.3 商朝凤鸟纹

2.1.2 经验科学时期

早在 3000 多年前的春秋时期,就有一部技术经典著作《周礼考工记》,其中记载了"规""矩""绳""墨""悬""水"等测绘工具:规指的是画圆的工具,也就是圆规;矩是直角尺,用于绘制直角和方形;绳和墨是把绳浸泡后用于在平面上刻画直线;悬和水则是确定铅垂线和水平线的工具。

从古埃及壁画中,我们可以窥见时人对视图的深入理解。同一幅壁画中出现了不同的视角:人的头部和四肢的形象是以侧面视角表达,身体则是以正面视角表达。同时,古希腊人和古罗马人已经知道了水平投影和正面投影的概念。大约在公元 2 世纪,罗马建筑师就可以利用直尺和圆规绘制立体图与平面图,甚至透视图。

图 2.1.4　古埃及壁画

在两千多年前,我国的数学著作《周髀算经》记载了方圆、圆方和勾股弦等几何作图问题:"商高曰:数之法,出于圆方。圆出于方,方出于矩。矩出于九九八十一。故折矩,以为勾广三,股修四,径隅五。既方其外,半其一矩,环而共盘,得成三四五。两矩共长二十有五,是谓积矩。故禹之所以治天下者,此数之所生也。"

我国历代遗留下来的著作中存在许多工程图,例如宋代李诫所著的《营造法式》一书中附有立面图、平面图、剖面图和详图,画法包括正投影、侧轴投影和透视。这些历代文献及遗存至今的古代建筑充分证明了我国古代工程图学较高的发展水平。

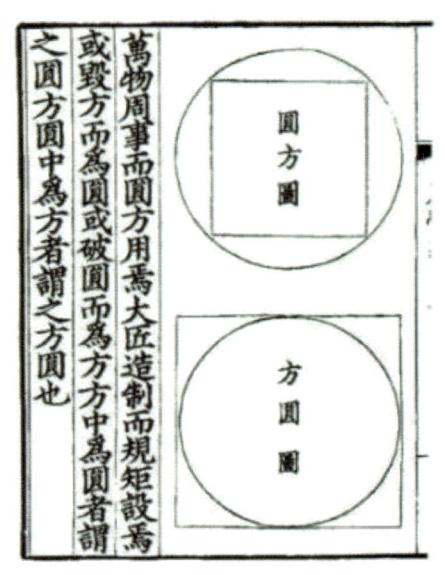

图 2.1.5　《周髀算经》中的圆方图和方圆图

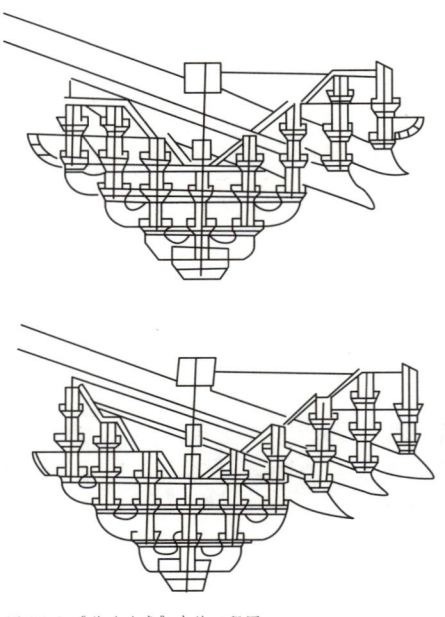

图 2.1.6　《营造法式》中的工程图

2.1.3 理论科学时期

随着时代的发展，图样表达技术也在不断进步。文艺复兴时期，工程设计师已经能利用多面视图将三维的现实世界绘制到二维的平面上。

14 世纪，法国艺术家将三维现实世界绘制到二维平面上，运用了数学工具，提出了许多透视投影和正投影规则，并研究人体、建筑和器械在画面上的投影。列奥纳多·达·芬奇（Leonardo da Vinci）的传世素描佳作《大炮铸造厂》（Cannon Foundry）就是采用投影几何方法创作的（图 2.1.7）。到了 17 世纪，法国数学家勒内·笛卡儿（Rene Descartes）等人相继提出"射影几何""解析几何""微分几何"等几何理论，后来又提出了"直角坐标系"[7]。

到 18 世纪，工业革命的兴起催生了新的设计和图形表达形式。随着劳动分工的日益精细化，设计和施工之间迫切需要一个明确且普遍认可的表达工具。基于这一实际需要，在欧几里德（Euclid）之后的 2100 年，画法几何学得以发展。后世的工程人员和数学家从实际出发，不断推动画法几何学的发展。

图 2.1.7　达·芬奇素描作品《大炮铸造厂》

2.1.4 现代工程图学

真正意义上的现代工程图学及投影理论，是由法国科学家加斯帕尔·蒙日（Gaspard Monge）于 18 世纪末始创的（图 2.1.8）。蒙日通过整理、简化、加深、补充和扩展已有的知识，系统地提出了以投影几何为主线的《画法几何学》（Descriptive Geometry, 1795 年出版），该理论为工程图提供了统一的表达方法，也使得工程图成为工程领域交流的语言。

在工程实践中，工程师不仅要在平面上表达空间形体，而且需要应用这些平面图形来解决空间的几何问题。例如，我们往往需要根据测量数据绘制的地形图来设计道路或运河的线路，确定需要开挖和填筑的位置，以及计算土方量等。

1763 年，蒙日到梅济耶尔（Mezieres）的军事学校承担了大量实际工作，包括跟踪测量和制图等。学校常规课程中很重要的内容是筑城术，其关键是把防御工事设计得十分隐蔽，以免暴露在敌方的直接火力之下，而这往往需要极度烦琐的算术运算，有时甚至要把已建好的工程推翻重做。在思考如何

图 2.1.8　蒙日及其著作《画法几何学》

简化这项军事工程的过程中,精通几何的蒙日发明了画法几何学,从此有关工事的复杂计算就被作图方法所取代,并且任何制图师都能在短期训练后学会这个方法。他被要求宣誓不泄露此方法,因此画法几何作为一项军事秘密被保密了 15 年,直到 1794 年,蒙日才得以获准在巴黎师范学院将之公诸于世[8]。

画法几何学将三维空间关系精确地以二维图形的形式展现,空间的立体或其他图形可以由两个投影描画在同一平面上,从而使得工程图样在表达与交流设计信息时达到高度规范化和唯一化,标志着图形技术由经验转化为科学。假如没有蒙日最初为军事工程所作的发明,19 世纪机器的大规模生产也许是不可能出现的。画法几何是使机械工程成为现实的全部机械制图和图解方法的根源。

2.2 图学的发展

随着工业生产的飞速发展,传统手工绘图方式的低效和局限性已无法满足快速设计和高精度图形绘制的需求。现代图学的发展历程分为以下五个阶段。

2.2.1 初始阶段——20 世纪 50 年代

1946 年,第一台电子计算机的问世推动了许多学科的发展和新学科的建立,其中包括现代图形学技术。1950 年,第一台图形显示器作为计算机的附件诞生了,该显示器用一个类似于示波器的阴极射线管(CRT)来显示一些简单的图形。在 20 世纪 50 年代,为这些计算机配置的图形设备仅具有输出功能,计算机图形学处于准备时期,因此称为"被动式"图形学。到 50 年代末期,具有指挥和控制功能的 CRT 显示器诞生了,操作者可以用笔在屏幕上指出被确定的目标。与此同时,类似的技术在设计和生产过程中也陆续得到了应用,它预示着交互式计算机图形学的诞生。1959 年,美国 Calcomp 公司研制出了世界上第一台滚筒式绘图机(图 2.2.1),计算机辅助绘图开始代替人工绘图。

2.2.2 实验阶段——20 世纪 60 年代

计算机图形学之父伊凡·萨瑟兰(Ivan Edward Sutherland)(图 2.2.2),于 1963 年撰写了《革命性计算机程序 Sketchpad:一个人机交互通信的图形系统》的博士论文。他在论文中首次使用了计算机图形学

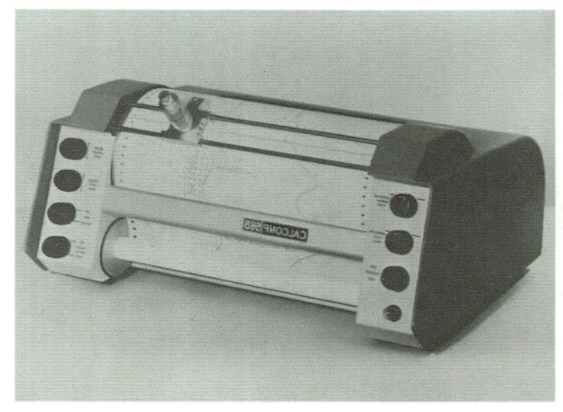

图 2.2.1　第一台滚筒式绘图机

图 2.2.2　伊凡·萨瑟兰

（Computer Graphics，CG）这个术语，证明了交互计算机图形学是一个可行且有用的研究领域，从而确定了计算机图形学作为一个崭新的科学分支的独立地位。他在论文中所提出的一些基本概念和技术，如交互技术、分层存储符号的数据结构等至今还在广为应用。Sketchpad 开创了人机界面的先河，除了展示一种新颖的人机交互方法外，也证明了计算机图形学可以用于艺术和技术的目的。它被认为是现代计算机辅助设计程序的祖先，也是计算机图形学发展的重大突破。

2.2.3 推广阶段——20 世纪 70 年代

20 世纪 70 年代是计算机图形学发展过程中一个重要的历史时期。一是光栅图形学迅速发展，基于电视技术的光栅扫描显示器出现，在 20 世纪 60 年代就已萌芽的光栅图形学算法迅速发展起来，区域填充、裁剪和消隐等基本图形概念及其相应算法纷纷诞生，图形学进入了第一个兴盛的时期，开始出现实用的 CAD 图形系统，迎来了无纸化图纸时代。二是图形软件标准化，通用且与设备无关的众多商业化图形软件的发展，促进了图形软件功能的标准化发展。1974 年，美国计算机协会（Association Computing Machinery，ACM）成立了计算机图形与交互技术特别兴趣小组（Special Interest Group for Computer GRAPHICS, ACM SIGGRAPHY）。图 2.2.3 展示了该委员会发起的 1985 艺术展上展出的卢浮宫项目。

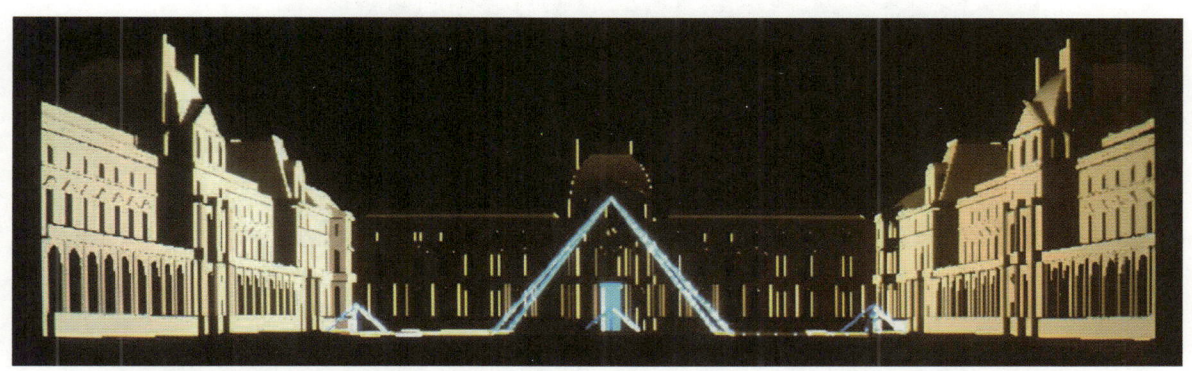

图 2.2.3　ACM SIGGRAPH 1985 艺术展：卢浮宫项目（设计师：贝聿铭）

在此时期，计算机辅助设计这一新兴学科诞生了，为复杂曲面的计算机生产奠定了新的理论基础。该学科发展至今的研究成果促成了图学、数学和计算机技术三者的结合，形成了一门新的学科，即计算机图形学，其出现标志着现代图形技术时代的到来。

2.2.4 高速发展阶段——20 世纪 80 年代

20 世纪 80 年代中期以来，大规模集成电路技术的采用使计算机的硬件性能得到进一步提升，图形学研究得到飞速的发展。1980 年，科学家们第一次提出了光线跟踪算法，真实感图形的算法逐渐成熟。这一时期，计算机图形学的理论与技术已相对成熟，并得到了广泛应用。目前国际上应用较广的实体造型系统有 IBM 公司的 CADAM、达索系统公司的 CATIA 和 Solidworks、PT 公司的 Pro/Engineer 及 Spatial Technology 公司的 ACIS 等。设计人员可以直接在三维空间进行产品的设计、修改和观察，从而使设计活动变得直观、简单及高效。

2.2.5 广泛应用阶段——20世纪90年代至今

在新的社会需求和科技进步的推动下,一些新的分支与交叉学科逐渐形成,涵盖科学计算机辅助设计与制造、计算可视化、虚拟现实系统、计算机动画与艺术和人工智能内容生成等,这些高新技术广泛应用于工程和产品设计、智能家居、地理信息系统、艺术及动漫与娱乐业等领域。

2.2.5.1 计算机辅助设计

计算机辅助设计(Computer aided Design, CAD)的发展经历了由二维向三维逐步转变的过程。应用CAD系统进行设计的优点如下:①获得产品的精确表示和结果显示;②在计算机中建立对象的数据模型;③进行各种性能分析计算;④对设计进行修改;⑤将制造过程和设计结果联系起来,设计方案直接传送至后续工艺进行加工。

目前,CAD已广泛应用于工业设计中(图2.2.4),例如飞机、汽车和船舶的外形设计与电路设计,以及建筑、服装、印染和产品设计等领域。CAD技术使得产品设计和工程施工图纸不必再由人工绘制,可极大地缩短设计周期。中国大飞机C919采用的即是无纸化设计(图2.2.5)。

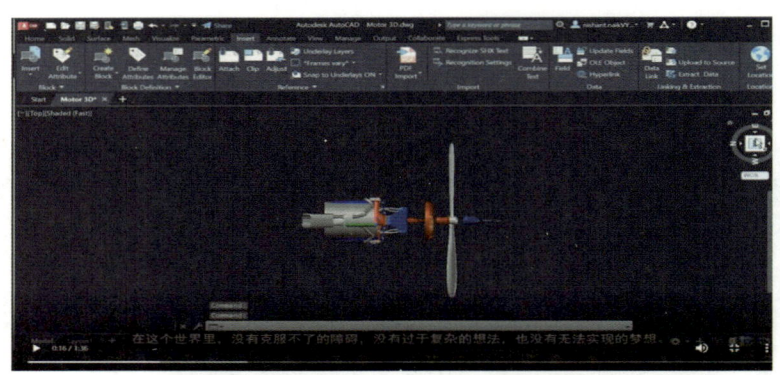

图2.2.4　AutoCAD软件设计系统界面

图2.2.5　无纸化设计 中国大飞机C919

2.2.5.2 科学计算可视化

可视化也称为可观化,是指利用计算机图形生成技术,将科学及工程计算中的计算数据和测量数据等以图形的形式显示出来,使人们能够发现用常规手段难以观察到的自然规律和自然现象。可视化技术已广泛应用于流体力学、有限元分析、医学、天气预报、海洋和空间探测等领域。有限元分析即对真实物理系统(几何和载荷工况）进行模拟，最初应用于航空器的结构强度计算，随着计算机技术的普及和快速发展，因其高效的特点，已广泛应用于几乎所有的科学技术领域。图 2.2.6 所示是有限元分析中的计算可视化。

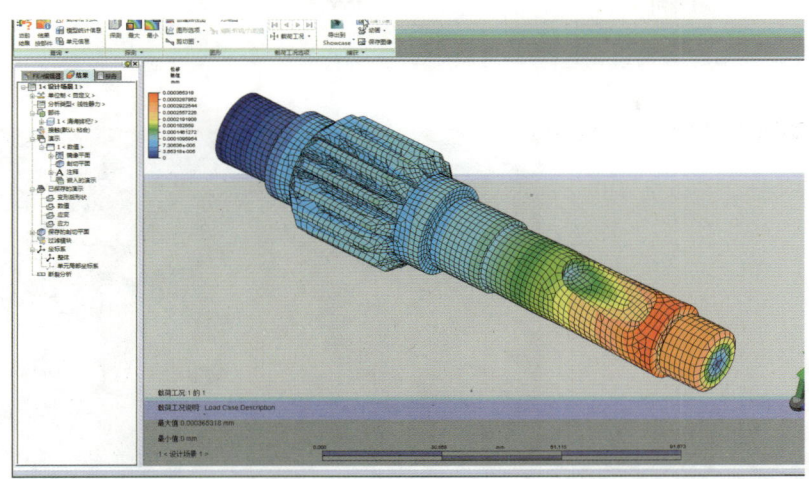

图 2.2.6　机械零件的有限元分析

2.2.5.3　虚拟现实

虚拟现实（Virtual Reality，VR）是指由计算机实时生成一个虚拟的三维空间，用户可在其中自由地运动，随意观察周围的景物，并通过一些特殊的设备与虚拟物体进行交互操作。在此环境中，用户看到的是全立体彩色景象，听到的是虚拟环境中的声响，手或脚可以感受到虚拟环境所反馈给它的作用力，从而使用户产生一种身临其境的感觉。VR 技术被广泛应用于影视娱乐、教育、设计、医学、军事、航空航天及工业制造等领域。如图 2.2.7 所示是工业制造中 VR 眼镜的使用场景。

图 2.2.7　工业制造中 VR 眼镜的使用场景

2.2.5.4　计算机动画和艺术

2001 年，美国麻省理工学院媒体实验室 (M.I.T. Media Laboratory) 旗下的美学与运算小组 (Aesthetics & Computation Group) 创造了 Processing。Processing 是一款专为设计师和艺术家使用的编程语言，其出现被视为艺术设计创作的一场革命。利用 Processing，艺术家可以把抽象的数据呈现为生动的视觉形象（图 2.2.8）。借助 Processing 不仅可以生成唯美的图形，使数据可视化，还能编写出功能强大的互动艺术作品。

Grasshopper（GH）是一款可视化编程语言，于 2016 年推出。它基于 Rhino 平台运行，是数据化设计方向的主流软件之一，同时与交互设计也有重叠的区域。与传统设计方法相比，GH 有两个最大的特点：一是可以通过输入指令，使计算机根据拟定的算法自动生成结果，算法结果不限于模型、视频流媒体以及可视化方案（图 2.2.9）；二是通过编写算法程序，机械性的重复操作及大量具有逻辑的演算过程可被计算机的循环运算所取代，方案调整也可通过参数修改直接得到结果，这些方式可以有效地提升设计工作效率。

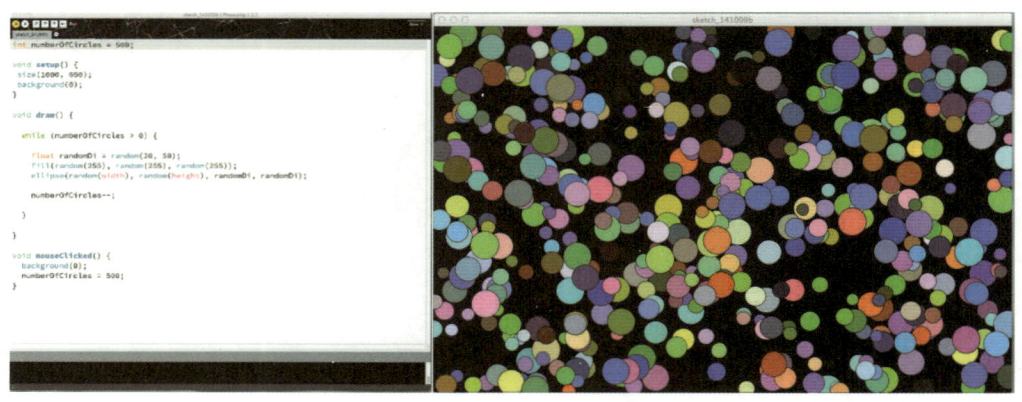

图 2.2.8　Processing 设计案例

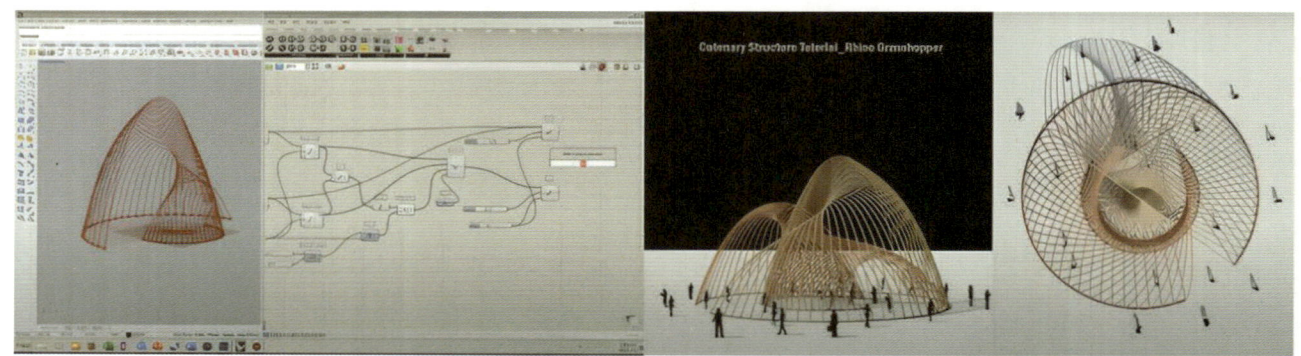

图 2.2.9　Rhino Grasshopper 设计案例

2.2.5.5　人工智能内容生成

人工智能内容生成（AI Generated Content，AIGC）即利用人工智能技术来生成内容的新型创作方式，包括 AI 绘画和 AI 写作等分支。AIGC 的发展得益于深度学习模型的完善、开源模式的推动及大模型商业化的探索，使之符合 AI 技术发展的新趋势。AIGC 可以基于训练数据和生成算法模型，自主创造生成新的文本、图像、音乐、视频及 3D 交互内容等各种形式的内容和数据，以及开启科学新发现等。

2019 年，之江实验室的"墨染"人工智能系统诞生，其字面意义为墨迹和染色。这是一个面向中国传统国画的 AI 创作系统，具备超强的学习能力和创造性，包含国画长卷合成、传统字体设计、风格化超分辨率、风格与笔触迁移、动态内容增强与放缩及水墨画图层透视等创意智能模块。"墨染"的各模块相互配合，运用 AI 技术为传统艺术拓展提供了无限可能（图 2.2.10）。

2023 年，可口可乐公司发起了一项邀请粉丝借助 AI 进行创作的品牌活动——Create Real Magic，该活动联动世界各地的艺术家进行互动，并邀请消费者共同参与 AIGC 创作。用户登录网站，借助 ChatGPT-4 及 DALL-E 两款 AI 工具，融入可口可乐品牌元素进行创作。

图 2.2.10 人工智能系统"墨染"作品

随着数字化技术的发展，图形技术助力数字革命，并一跃成为当今信息时代的核心技术之一。如今，图学在人工智能领域飞速发展，传统图学发展成为适应全球信息化时代的现代图学学科。随着相关技术的不断改进和新技术的投入应用，可以预料，它必将臻于完善并广泛地运用到科学研究、航天技术、工程设计、艺术设计及生产实践等领域。

第3章 设计图学

知识要点：
- 了解图学的研究对象与内容。
- 了解形象思维能力及其重要性。
- 了解设计图学专业应用。

能力目标：培养设计图学知识的专业视野。

思政目标：培养专业自信与自主探求新知的意识。

3.1 设计图学的研究对象与内容

3.1.1 设计图学的概念

设计图学是一门以画法几何与机械制图为基础的技术基础学科，其研究内容包括绘制和阅读机械图样，图解空间几何问题，同时研究结构造型语言、结构造型方法及计算机辅助设计软件在工业设计中的应用，特别是在产品设计中的应用。

当设计者希望将自己的构思准确无误地传达给制作者时，需要绘制图纸，即设计图或工程图。通过采用符合通用的语言、制图标准及制图规范的图纸，设计者与制作者进行有效沟通，将自己的想法与意图表达并传递出去[9]。

3.1.2 设计图学的研究对象

设计图学的主要研究对象与研究内容是产品的形态及其构成方法，以及相应产品形态的表达方法。产品设计图学是与设计相关的图学，不仅与画法几何、机械制图和各种绘图软件有关，也与产品的审美特性密切相关。设计师在产品进行设计时，既要考虑产品的生产制造技术，也要考虑产品形态美的形式法则。

因此，设计图学具有双重性，即科学性和艺术性。在设计图学课程的学习基础上，未来学生能够运用图形学知识创建产品的形态，研究选择合适的材料与工艺将产品制造出来，同时利用效果图展示产品的形态美、色彩美及材质美,从而满足消费者对产品审美的要求。

设计图学是研究工程与产品信息表达、交流与传递的学科。在工程与设计领域中,图样作为设计表达和交流的手段,是设计师和工程师展开思路,推敲和交流方案的重要方式。因此,图样也被称为设计和工程技术交流的语言。

3.1.3 设计图学的研究内容

设计图学研究的内容十分广泛,大致可以分画法几何理论与结构造型文法、产品形体结构表达及计算机辅助产品设计基础三个部分。

3.1.3.1 画法几何理论与结构造型的文法

研究重点涵盖现代设计图学的画法几何理论、形态的构成和表达,旨在使学生掌握各种技术图样的绘制和阅读方法,从而培养学生的空间思维能力和表达能力,提高学生对形态美的鉴赏能力,并增强学生在产品形态设计中的创造能力。

3.1.3.2 产品形体结构的表达

内容主要包括工程制图基础和产品图样的表达。工程图样是用以表达形体结构的基本思想与方法的工具。对于工业设计领域,特别是产品设计而言,工程图样不仅是技术交流的重要手段,也是产品投入生产的前置条件。产品形体结构的表达,能激发设计师形态创新的灵感,也能帮助设计师对产品的形态进行完善。因此,掌握产品形体结构的表达能力是产品设计师必备的技能之一,也是设计图学的主干内容及产品设计的基础。

3.1.3.3 计算机辅助产品设计基础

在如今的数字化时代,掌握计算机绘图与设计的基本知识显得非常重要。计算机辅助技术目前主要由计算机辅助设计(CAD)、计算机辅助制造(CAM)及计算机辅助教学(CAI)等多个内容组成,其技术核心在于将人作为引导,将计算机与使用者构成一个非常密切的人机系统。当前,计算机辅助技术已广泛应用于社会生产的多个领域,包括飞机制造、汽车制造和船舶制造等行业,这些行业中都包含了计算机辅助技术的影子[10]。本教材将简要介绍最新智能设计软件的功能与使用方法,为今后的设计打下基础。

3.2 设计图学与形象思维能力培养

设计图学到底是什么?它研究什么内容?我们为什么要学习设计图学?请大家先思考以下两个问题:

(1) 将立方体沿对角线 AC_1 旋转一周,会形成哪一种立体图形(图3.2.1)?

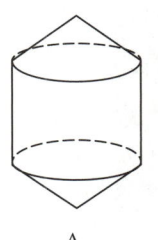
A

B

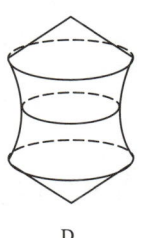
C

D

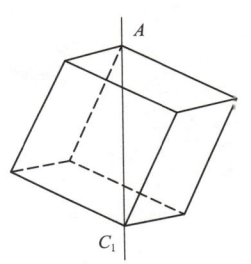

图 3.2.1 题 1

(2) 五张纸条，每张都有折痕，经过折叠后出现的英文单词是什么（图 3.2.2）？

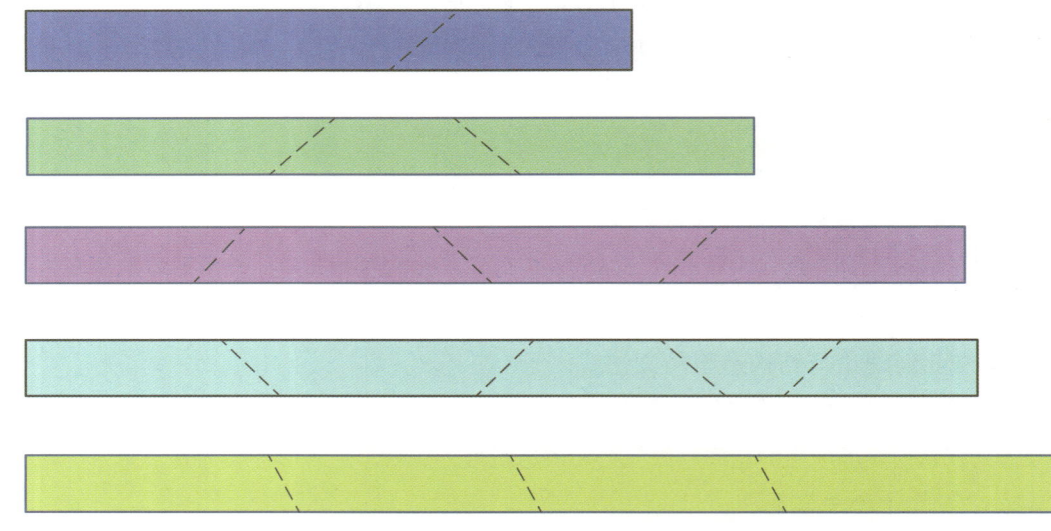

图 3.2.2　题 2

以上两个问题的答案分别是 D（图 3.2.3）和 Lemon（图 3.2.4）。

图 3.2.3　立方体的旋转轨迹　　　　　　　　　　图 3.2.4　英文单词"Lemon"

再来看这两幅由加拿大魔幻现实主义画家罗伯·刚萨维斯（Rob Gonsalves）创作的超现实画作。画中是真实世界，还是拼图里的世界？是高楼，还是树林？要以怎样的视角去了解它？

图 3.2.5　罗伯·刚萨维斯作品

这些就是图形在我们脑海中加工，将二维图像转化为三维图像的思考过程。

3.2.1 形象思维能力

形象思维是以直观形象和表象为支柱的思维过程，是一种以色彩、线条、图形和形体等形象信息为思维材料，通过联想和想象等表象运动达到创造形象或揭示事物本质及其存在状态的思维活动。形象思维的对象、过程和结果都离不开形象。形象思维的过程可以不受传统逻辑规则的束缚，而是根据需要通过联想和畅想进行思维，可以是跳跃式的或发散式的。在形象思维过程中，首先在人的视觉中或头脑中出现的往往是一个"模糊"的整体形象，然后经过分析综合逐步达到对事物各部分细致、深入和本质的把握，最终获得对事物总体的认识[11]。

形象思维能力的培养对我们的设计工作至关重要。想象是形象思维的高级形式，是在头脑中对已有表象进行加工、改造或重新组合，从而形成新形象的心理过程。

培养形象思维能力是设计图学课程的目标之一。为解决实际设计问题，设计者首先要进行构想，并预见未来的效果，这些都需要有丰富的空间思维能力。在学习设计图学的过程中，设计者应注重对二维到三维空间转换过程中几何要素的理解，由简到难，培养空间思维能力、构图能力及形象思维能力的表达。

3.2.2 形象思维能力在设计中的应用实例

3.2.2.1 青瓷香台

杭州西湖是中国传统审美的集大成者，以最美的湖山自然风景而闻名，同时配上各种人文传说。冬日雪霁之后，桥阳面的冰雪消融，桥阴面仍然玉砌银铺，因此得名"断桥残雪"。设计师李锋借取西湖断桥的形态设计香台（图3.2.6），当香燃尽后，香灰落入桥上，宛如未融化的积雪，营造出与西湖断桥残雪相似的意境，呈现出独特的美感。

图 3.2.6　西湖断桥与青瓷香台

3.2.2.2 阿尔托花瓶（Aalto Vase）

图3.2.7展示的是芬兰的湖泊景象，以及来自芬兰的设计大师阿尔瓦·阿尔托（Alvar Aalto）设计的花瓶。芬兰的湖泊已经融入到芬兰人的生活之中，我们可以从花瓶的意象中清晰地感觉到这一理解。

这样的图像源自于他对芬兰湖泊形象的理解，他将湖泊的平面形态转为三维的形态，创造出这件流传至今的经典作品。

图 3.2.7　芬兰湖泊与阿尔托花瓶

3.2.2.3　富士山玻璃杯（Fujiyama Glass）

图 3.2.8 展示的是富士山，以及日本设计师铃木启太基于富士山的意象设计的啤酒杯。富士山是日本艺术与设计作品中极具特点与代表性的意象之一。将啤酒注入后，啤酒上的白色泡沫与啤酒的分层就像富士山的雪顶与山体，通过斟酒，杯子将呈现不同的风格。

图 3.2.8　富士山与富士山玻璃杯

3.3　设计图学与人机工程学尺寸

人机工程学是设计学的一个基础学科，或者说是一个交叉学科。它是以心理为圆心，生理为半径，去协调人、产品和环境这三者的和谐关系，从而获得一个舒适的产品。设计不仅需要考虑产品的本身，还需要考虑使用产品的人，以及产品使用的环境。在不同的环境及不同的人使用的情况下，这个产品可能会不一样。因此，当我们要设计一个舒适产品的时候，我们必然会运用人机工程学的知识。

设计图学和人机工程学之间有什么联系？设计图学能否为人机工程学，或者说基于人机工程学的设计，提供帮助和支持？

3.3.1 人体尺寸

在探讨设计图学与人机工程学的关联之前，我们需明确一个基础概念：人体尺寸。人体尺寸也称人体测量学，是人机工程学中最基本的知识点。人机工程学是研究人、产品与环境的一种学科，所以人是人机工程学的基础，我们设计任何的产品，都需要以人体的尺寸为标准。例如，键盘的设计中键盘的大小与键程等因素都可能影响使用者对键盘的评价，这就需要我们去测量手部的静态尺寸和运动尺寸，以及手部与手臂联动的运动范围等。

如何获取与标注这些人体尺寸，保证这些尺寸清晰可见，并能够让这些尺寸更好地应用到产品设计上，都需要设计图学的相关知识提供支持。

静态尺寸又称结构尺寸，是人体处于静止状态下所测得的尺寸，如头、躯干及手足四肢的标准位置等。图 3.3.1 是人体的脸部尺寸，在脸部尺寸中有瞳距、脸宽和头宽等数据，这些数据十分复杂。如果没有掌握好设计图学的方法，这些尺寸的标注和呈现将出现较大问题，在我们将其应用到产品的时候也会遇到很大的障碍。

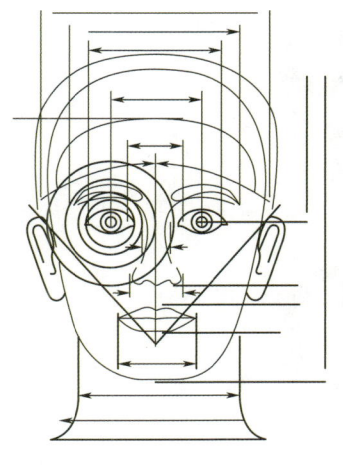

图 3.3.1　脸部尺寸

因为很多产品通常在动态的场景下使用，所以除了静态尺寸外，设计师还需要关注人体的动态尺寸。比如在空间活动时，我们是在静态尺寸的基础上，形成了和产品的交互关系。如图 3.3.2 所示，我们把一个静态的尺寸，延展成为一个扇形，甚至延展成为一个立体空间的锥形。此时这些尺寸的维度大幅增加了，我们如何把这些尺寸标注清楚，并把这些尺寸与人体的姿势对应起来，这就是人机工程学中最基础也是最重要的一个知识点。

设计图学为理解、获取和标注人体尺寸提供了很好的方法与技术支持，我们利用设计图学的知识和方法，能够更好地理解人机工程学中人体测量学的内容，以及人体尺寸是如何测量的，以便于我们把这些知识应用到产品设计中。

图 3.3.2　动态尺寸

3.3.2 产品人机尺寸

产品参数中某些尺寸与人体密切相关。例如，某些带有按钮和触摸板的产品，如果我们要把产品生产出来，需要确定按钮的直径和位置，以及触摸板手握时候的舒适度。所有的这些设计，都需要用一个具体的尺寸去表达，从而使其变成落地的产品。

例如图 3.3.3 所示的 Flamingo 拐杖设计，采用了仿生的设计理念，核心是通过拐杖和手的不同的接触方式，形成拐杖不同的动态尺寸，这些尺寸会反映到拐杖的产品设计中。同时，根据不同人的身高及年龄等特点，设计者对拐杖也进行了具体的产品尺寸标注，从而完成了从人体尺寸到产品尺寸的过渡与应用。

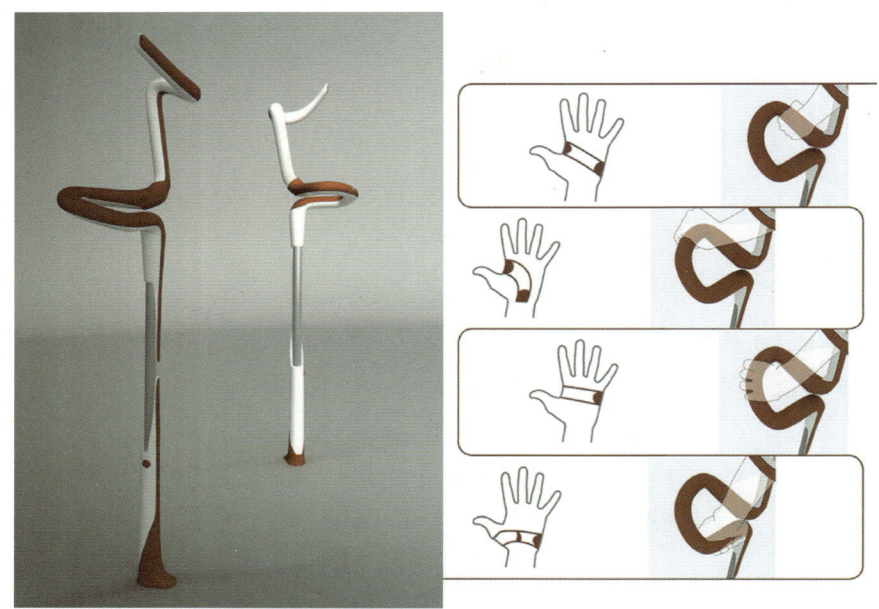

图 3.3.3　Flamingo 拐杖

再来展示一个著名座椅厂赫曼米勒（Herman Miller）的产品设计案例（图 3.3.4）。作为一个强调人机和舒适性的品牌，它在这个方面是业界的标杆，因此这个产品设计也应用了尺寸的概念及很多设计图学的知识。

首先，设计确定座椅的静态尺寸，包括座椅的高度和深度，以及用户坐姿的一个具体框架，这些数据确定了产品的基本形态和尺寸范围。

图 3.3.4　赫曼米勒的伊姆斯（Eames）躺椅和脚凳（单位：mm）

除此之外，它也对人的动态尺寸进行了研究。如图 3.3.5 所示，在座椅上使用者的坐姿改变与调整涉及靠背尺寸与前面脚垫的调整等因素。动态尺寸确定了基本的调节范围，以及产品的设计细节和一些操作方式。

这些静态尺寸与动态尺寸的综合运用，最终创造出一个基于人机工程学原理设计的舒适产品。同时，设计图学的知识和方法，也为我们表达和理解这个产品提供了有力的支持。

总体来看，设计图学与人机工程学的关系体现在：设计图学提供了尺寸标注的方式，这些方式让我们在运用人机工程学的过程中更好地应用人体尺寸，从而实现产品的人机设计；设计图学为人机工程学提供了一定的理论基础和方法保障，让设计与产品越来越完美。

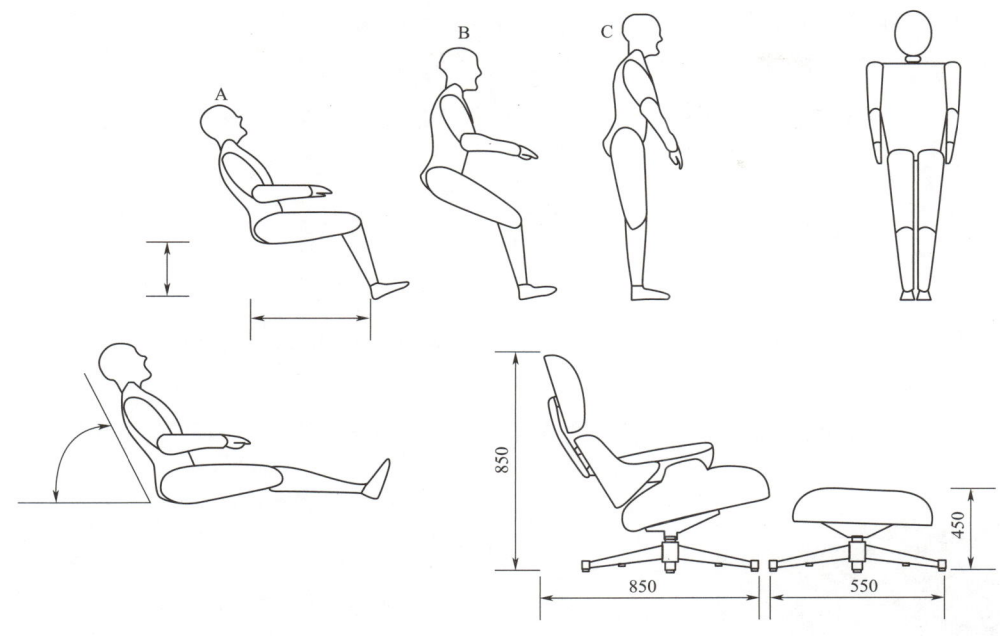

图 3.3.5　伊姆斯（Eames）躺椅与动态尺寸（单位：mm）

3.4　设计图学与几何构图

我们的生活中存在许多物品，我们可以从不同的视角来观察这些产品。在不同的视角下，这些产品将展现出不同的轮廓形态。

在设计图学中，我们将学习如何运用画法几何的理论知识，规范地去绘制一件产品，展示常识中所理解的产品在不同视角下的形态及视图。

在此，我们将通过三件经典作品，带领大家理解设计图学中"视图"这一概念的重要性，以及"视图"中线条比例在产品设计中的巧妙利用。

3.4 课件

3.4.1　正圆锥壶

正圆锥壶是意大利制造商阿莱西（Alessi）的产品，由意大利设计师阿尔多·罗西（Aldo Rossi）所设计。阿尔多·罗西擅长设计富有魅力且充满试验性的切边作品。他采用概念艺术家的方法建立产品的概念，随后生产工程师按照他的设计思想解决生产工艺和细节问题。

图 3.4.1 所示的正圆锥壶（Ⅱ Conico Kettle）是各种几何体的统一组合。它的主体造型是由等边三角形旋转而成的圆锥体，这样壶底能够以最大面积接触热源，并以最经济的方式加热。壶的手柄是一个倒立的直角三角形或一个等边三角形的一部分，也可以看作是正方形的组成部分。

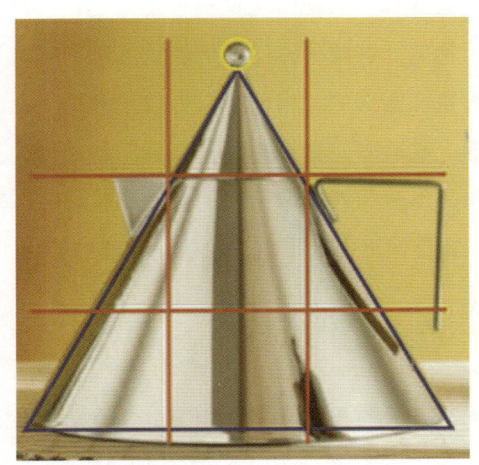

图 3.4.1　正圆锥壶

该壶整体造型可以被分解为3×3的网格。顶部的三个网格包含了壶盖与球形把手；壶的顶点在顶部网格的中间，是一个悦目的小圆球，可以很容易打开壶盖，也可以作为三维水壶顶点的语义符号。水壶中部的三个网格包含了壶嘴和手柄；手柄水平延伸，而后垂直向下。各种几何形体都成为它结构组成的一部分：圆锥体、三角形、圆形、球体及正方形。

3.4.2　大众公司新款甲壳虫汽车

图3.4.2所示的甲壳虫汽车（Volkswagen Beetle）是大众公司1997年设计的新款汽车，它在路上行驶的时候，更像是一个运动的雕塑，而不是一个交通工具。与其他汽车的造型明显不同，它有力地抓住了人们对造型一致性的视觉期待，这个形体同时包含了重新流行的旧概念与未来风格，是几何概念与怀旧的融合体。

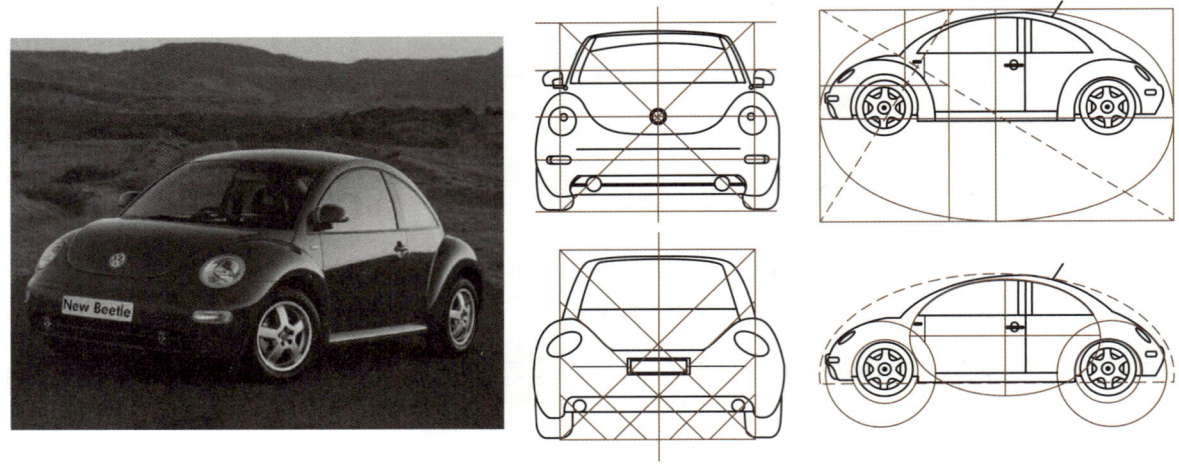

图3.4.2　甲壳虫汽车

这辆车的正视图轮廓近似正方形，表面的各个细节都呈对称分布。引擎盖上的大众公司标志位于正方形的中心。在结构示意图中，一个黄金分割椭圆与一个黄金分割矩形内接，车体正好处于黄金分割椭圆的上半部分，椭圆的长轴刚好在车轮中轴的下部。第二个黄金分割椭圆围绕着汽车侧窗，该椭圆同时与前轮轮井和后轮相切，椭圆长轴与前后轮轮井相切。

与正视图一样，后视图也是一个正方形，同样，细节和表面变化是对称的。这款车体的几何形状贯穿所有其他细节。前大灯和尾灯是椭圆形的，但因为它们位于曲面上，所以看上去像是正圆形。甚至车门把手也是一个下凹的圆形，被装有圆形车锁的切角矩形分为两半。天线的安装点布局与车轮挡泥板有几何关系，其延伸出去则是前车轮挡泥板圆的切线。

3.4.3　巴塞罗那椅

图3.4.3所示的巴塞罗那椅（Barcelona Chair）是由知名建筑师路德维希·密斯·凡·德罗（Ludwig Mies Van der Rohe）于1929年设计的一款举世闻名的椅子。这款椅子的设

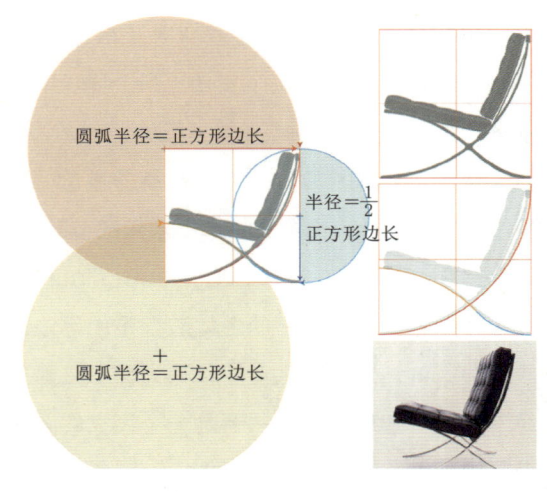

图3.4.3　巴塞罗那椅

计蕴含了许多奥妙。从侧视中可见，其材质由钢框架与皮革内饰构成，其比例可以通过圆形、正方形与黄金分割的三维关系来精确地描述。椅背的大曲线和前座支撑部分均由圆弧构成，且围成椅子的正方形边长等于该圆弧的半径。巴塞罗那椅的后腿支撑设计同样巧妙，椅背腿部支撑的小曲线圆弧半径正好是正方形边长的一半。

在这些经典的设计中，我们发现，在理解图学"视图"这一概念的基础上，通过对几何元素，即点、线和面"比例"的良好应用，作品会迸发出自由灵感的光芒。同时，它也可以完美地阐释设计中的目的性、秩序性和理性，以及对美的把握。

3.5 设计图学与工业设计

在设计和生产过程中，人们常常会看到各种图样，以手机为例，我们经常能看见图 3.5.1~ 图 3.5.3 所示的绘图。

图 3.5.1　手机插画

如果要求大家给手机绘制一幅图，大家会选择哪种绘图方式？如果让设计师或者工程师来绘制手机，他们绘制的图形是什么样的呢？

根据投影原理、标准或有关规定，为了准确地表达机械、仪器和建筑物等的形状、结构和大小，根据投影原理、标准或有关规定表示工程对象，并附有必要的技术说明的图，称为图样。

不同性质的生产部门对图样有不同的名称和要求。例如，建筑工程中使用的图样称为建筑图样，水利工程中使用的图样称为水利工程图样，机械制造业中使用的图样称为机械图样等。

设计师绘制的工程图主要用于表达产品的外观尺寸、特定结构及装配关系等，正是通过这些表达，设计物的概念得以物化并外显（图 3.5.4）。

图样作为设计表达与交流技术思想的重要工具，是设计师和工程师展开构思、推敲和交流方案的重要方式与手段，也是指导生产与施工管理等必不可少的技术文件。表 3.5.1 简要介绍了工业设计中各种常用的图样。

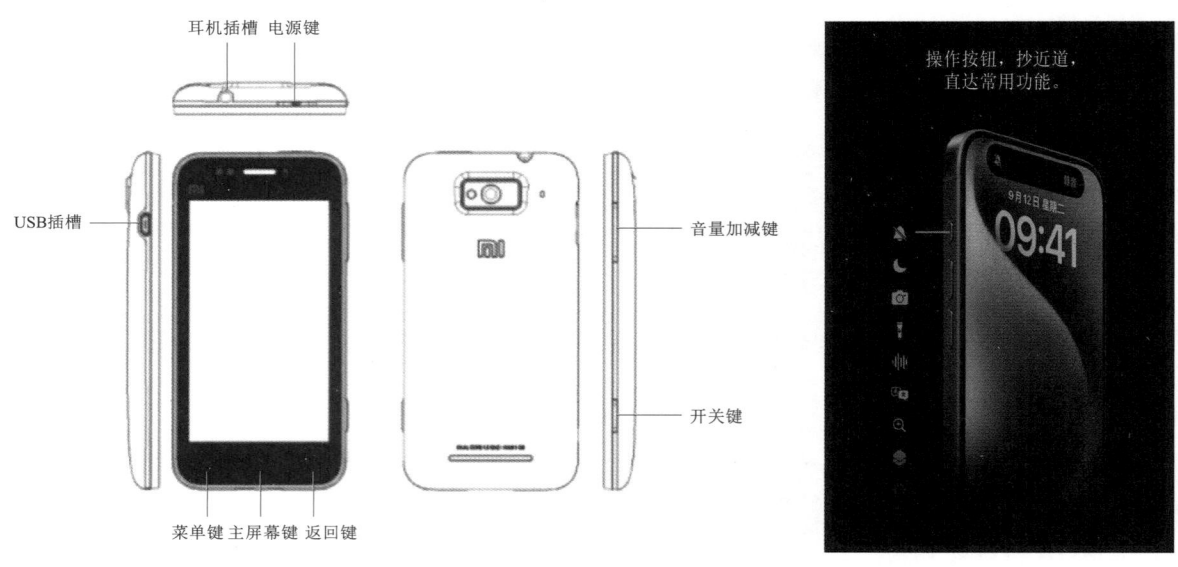

图 3.5.2　手机说明书

图 3.5.3　手机产品的功能图

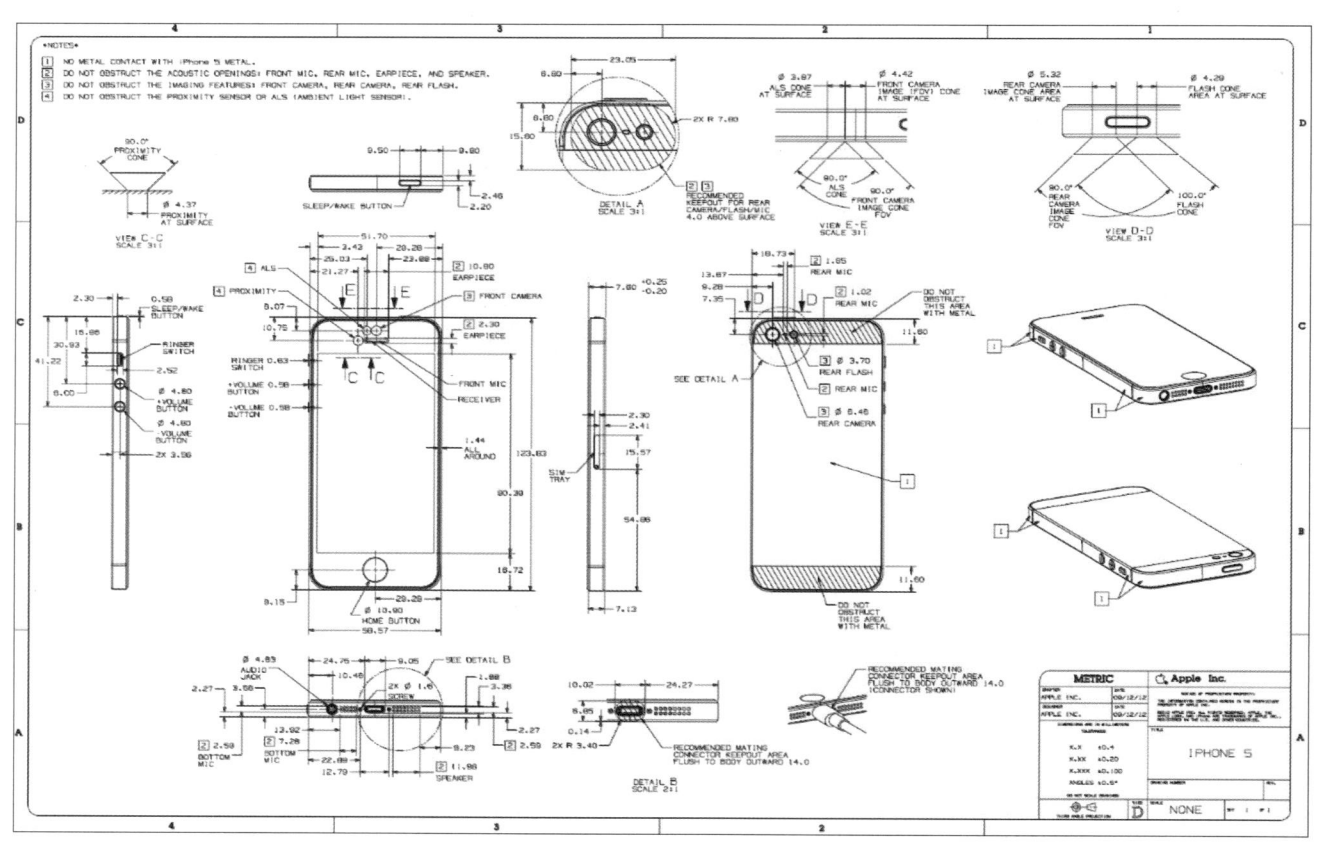

图 3.5.4　iPhone 5 工程图示意图

3.5 课件

表 3.5.1 工业设计中各种图样的应用

名称	方式与作用	图 例
设计草图	产品设计的构思、讨论和汇报阶段。以线条为主，表达设计雏形或表明产品的特征、机构及组合方式，以利于沟通和思考	
设计效果图	设计师向他人传达设计意图，反映设计预期效果的图纸，通过手绘或电脑效果图来表现产品预期的设计效果	
外形尺寸图	产品加工制造、安装和使用说明的图纸。一般在与客户交流时，设计师会采用设计草图、设计效果图；产品确认后要有产品外形尺寸图；产品制造和安装时会用到零件图、装配图和爆炸图等	
零件图		
装配图		
爆炸图		

第二篇
形态图解

　　本篇探讨了几何形体及其投影规律，通过详细的图解和教学目标，引导读者理解并掌握投影法的基本概念、性质及三视图的形成与投影规律。首先，介绍了投影的基本原理，包括中心投影法和平行投影法等，并阐述了平行投影的六个基本性质。其次，解释了三视图的形成过程及其特征，包括长对正、高平齐和宽相等的原则。此外，还详细讨论了点线面的投影规律，如点的三面投影、直线和平面在不同位置时的投影特性及点线面之间相对位置的判断方法。最后，介绍了曲线与曲面的投影规律，包括平面曲线、空间曲线及曲面的形成和投影，并通过产品造型文法的实例，展示了点线面在设计中的应用。

第4章　几何元素的投影原理

> **知识要点：** ■ 理解投影法的基本概念。
> ■ 掌握投影的基本性质。
> ■ 熟悉三视图的形成及投影规律。
>
> **能力目标：** 在点线面方面，培养运用图学思维观察、理解及解构事物的形象思维能力。
>
> **思政目标：** 提升理论知识的求真能力。

4.1　投影的基本原理

根据投影法得到的图形称为投影，投影法就是投射线通过物体向选定的投影面投射，并在该面上得到图形的方法。

图 4.1.1 可以更直观地展示投影过程：从投射中心 S 发出的投射线通过空间点 A 和点 B，在选定的投影面 P 上形成了点 A 和点 B 的投影。

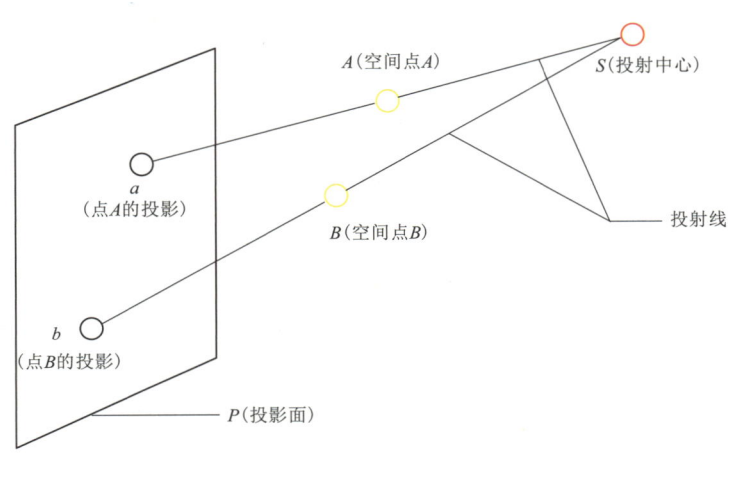

图 4.1.1　投影法

微课视频

投影的基本原理

4.1 课件

4.1.1 投影的图示方法

根据不同的投影方法，投影的图示方法可分为三种，如图 4.1.2 所示。投射线汇交汇于一点的投影方法，称为中心投影方法；依据中心投影法原理绘制而成的投影称为透视图。投射线相互平行的投影法，称为平行投影法；依据平行投影法绘制而成的投影称为平行投影。平行投影法依据投射线是否垂直于投影面，可分为平行斜投影法和平行正投影法。依据平行斜投影法原理绘制的投影称为轴测图，依据平行正投影法原理绘制的投影称为多面投影。

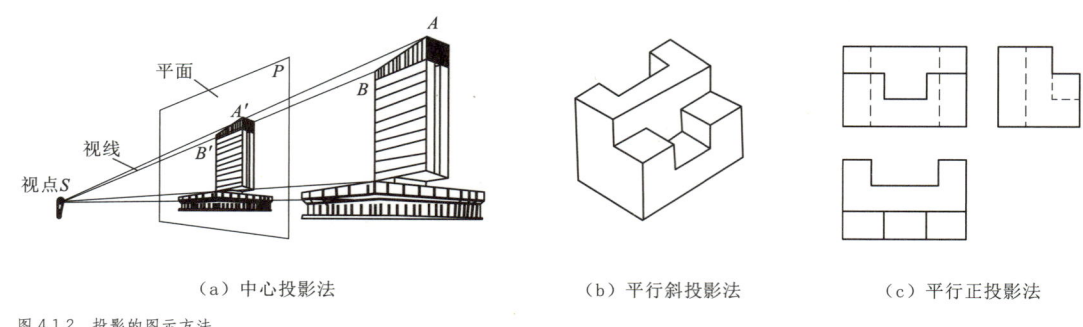

（a）中心投影法　　　　（b）平行斜投影法　　　　（c）平行正投影法

图 4.1.2　投影的图示方法

4.1.2 平行投影的性质

平行投影的性质主要包括以下六个方面：实形性、积聚性、类似性、从属性、定比性和平行性。

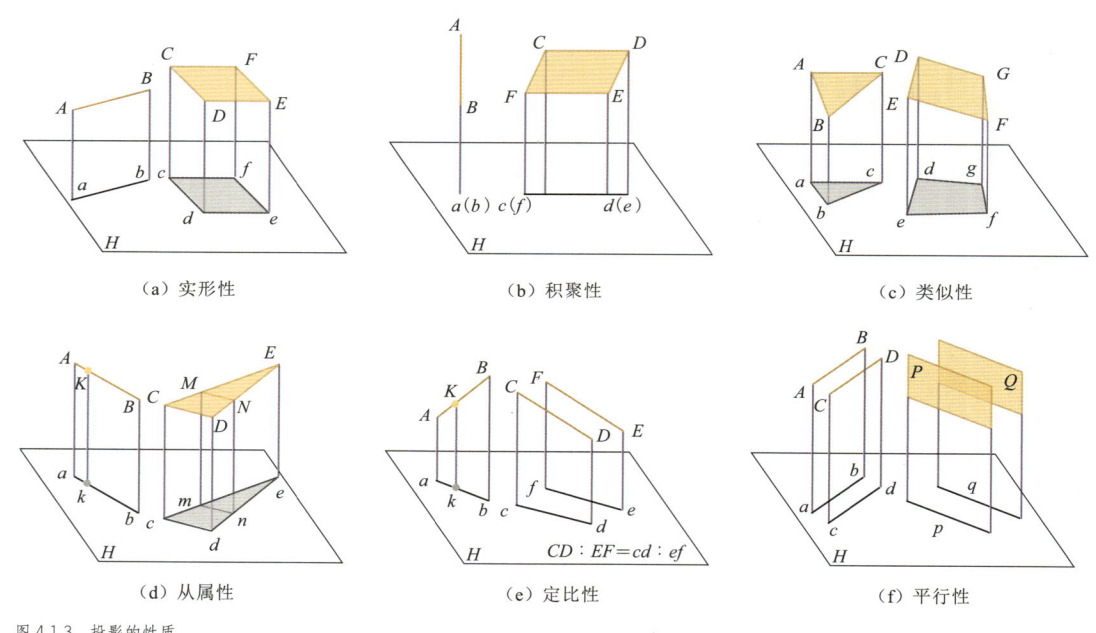

（a）实形性　　　　　　（b）积聚性　　　　　　（c）类似性

（d）从属性　　　　　　（e）定比性　　　　　　（f）平行性

图 4.1.3　投影的性质

（1）**实形性**。当物体平行于投影面时，投影反映物体的真实形状。

（2）**积聚性**。当物体垂直于投影面时，直线积聚为一点，平面积聚为一条直线。

（3）**类似性**。当物体既不平行也不垂直于投影面时，投影和物体真实形状类似，例如，三角形的投影一般情况下仍为三角形。

（4）从属性。当点在直线上时，其投影仍在该直线的同面投影上；当直线在平面上时，其投影仍在该平面的同面投影上。

（5）定比性。两线段的长度比与其同面投影的长度比相等。

（6）平行性。当两直线平行时，其同面投影也平行；当两平行平面垂直于投影面时，其同面投影也平行。

4.1.3 三视图的形成及特征

将物体向三个互相垂直的投影面做平行正投影，得到的这组图形称为三视图。三视图是工程制图中最基础的图示表达。

如图 4.1.4 所示，绘制三视图首先需要建立一个三面投影体系，其中包括水平投影面 H、正立投影面 V 和侧立投影面 W，投影轴 X、Y、Z 及原点 O。将物体放入三面投影体系中，分别对各个投影面进行平行正投影，即可得到 V 平面上的正面投影、H 平面上的水平投影和 W 平面上的侧面投影，这分别称为主视图、俯视图和左视图。将三面投影体系以原点 O 为中心展开，就得到了三视图。

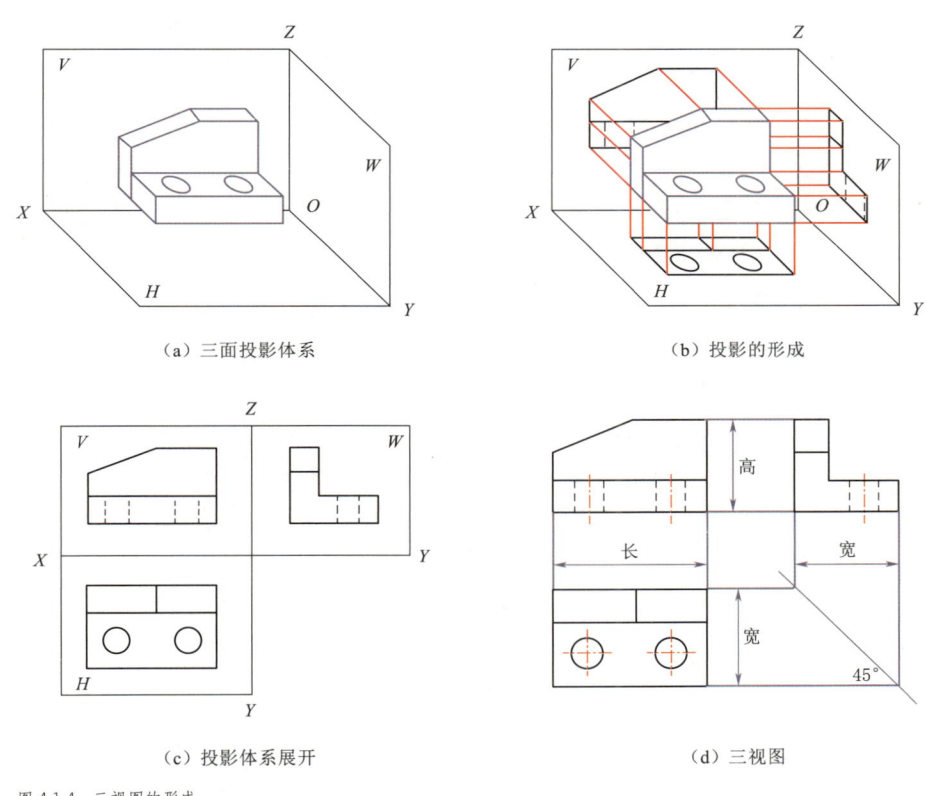

(a) 三面投影体系　　(b) 投影的形成

(c) 投影体系展开　　(d) 三视图

图 4.1.4　三视图的形成

观察图 4.1.4（d）中的三视图，可以总结出三视图的三个特征：

（1）长对正。主视图的长和俯视图的长相等。

（2）高平齐。主视图的高和左视图的高相等。

（3）宽相等。左视图的长和俯视图的宽相等。

4.2 点线面的投影规律

4.2.1 点的投影规律

将空间中点向三个投影面作正投影，即可得到点的三面投影，如图 4.2.1 所示：过点 A 分别作水平投影面 H、正立投影面 V 和侧立投影面 W 的投影线，其垂足分别为点 A 的水平投影 a、正面投影 a′ 和侧面投影 a″，这就是点 A 的三面投影。将三面投影体系展开并去掉边界，就得到点 A 的投影图。

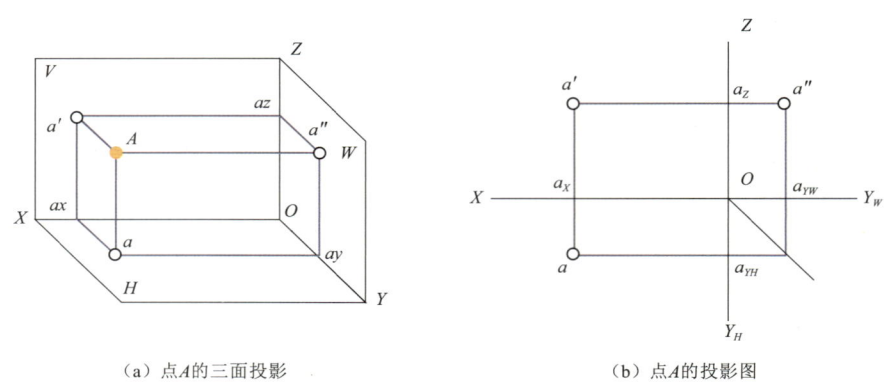

（a）点A的三面投影　　　　　　　（b）点A的投影图

图 4.2.1　点的投影规律

由投影图可以发现点的投影规律如下：

（1）点的正面投影与水平投影的连线垂直于 X 轴，即 $aa' \perp OX$。

（2）点的正面投影与侧面投影的连线垂直于 Z 轴，即 $a'a'' \perp OZ$。

（3）点的水平投影到 X 轴的距离等于点的侧面投影到 Z 轴的距离，即 $aa_X = a''a_Z$。

4.2.2 直线的投影及规律

直线的投影可由直线上两点的同面投影连接得到，如图 4.2.2 所示。直线的单面投影可以分为倾斜、平行和垂直三种情况：当直线倾斜于投影面时，其投影长度小于直线的实际长度（实长）；当直线平行于投影面时，其投影长度等于直线的实长；当直线垂直于投影面时，其投影积聚为一点。

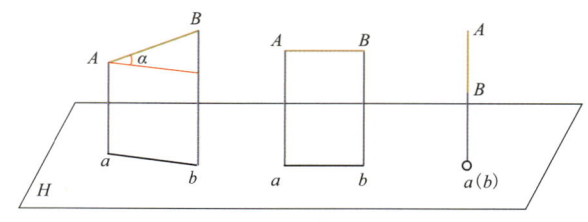

图 4.2.2　直线的单面投影

直线在三面投影体系中的投影类型与单面投影类似，也可以分为三类：投影面倾斜线、投影面平行线和投影面垂直线。

4.2.2.1 一般位置直线（投影面倾斜线）

一般位置直线（投影面倾斜线）是指与三个投影面均倾斜的直线，如图 4.2.3 所示。其投影特性为：三个投影均倾斜于投影轴且长度小于直线的实长，其投影不反映直线对投影面的真实倾角。

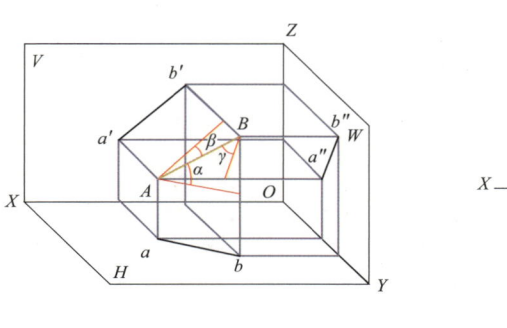

（a）一般位置直线的三面投影　　　　（b）一般位置直线的三视图

图 4.2.3　一般位置直线的投影

4.2.2.2 特殊位置直线（投影面平行线）

投影面平行线是指平行于某一投影面，而与其余两个投影面倾斜的直线，如图 4.2.4 所示。根据平行投影面的不同，如图 4.2.5 所示，可分为水平线（平行于 H 面）、正平线（平行于 V 面）和侧平线（平行于 W 面）三种。其投影特性如下：

（1）在所平行投影面上的投影反映实长，该投影与相应投影轴的夹角反映直线与另外两个投影面的真实倾角。

（2）在其余两个投影面上的投影分别平行于相应的投影轴，且长度小于实长。

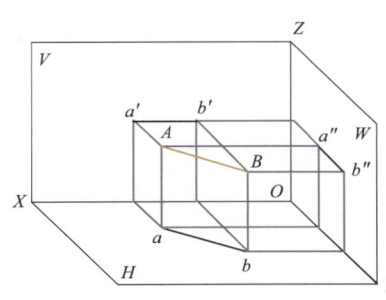 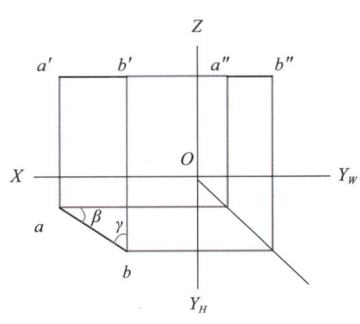

（a）投影面平行线的三面投影　　　　（b）投影面平行线的三视图

图 4.2.4　投影面平行线的投影

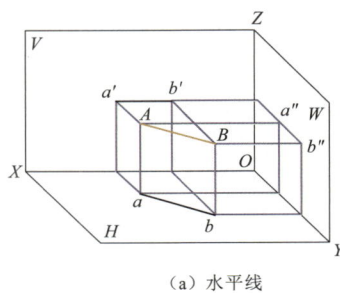 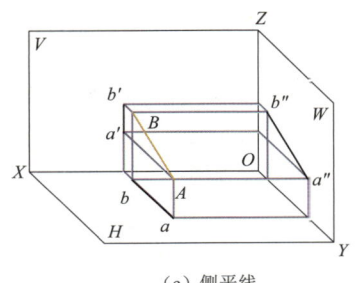

（a）水平线　　　　　　　　（b）正平线　　　　　　　　（c）侧平线

图 4.2.5　投影面平行线

4.2.2.3 特殊位置直线（投影面垂直线）

投影面垂直线是指只垂直于一个投影面，而与其余两个投影面平行的直线。根据垂直投影面的不同，如图 4.2.6 所示，可分为铅垂线（垂直于 H 面）、正垂线（垂直于 V 面）和侧垂线（垂直于 W 面）三种。其投影特性如下：

（1）在所垂直投影面上的投影积聚为一点。

（2）在其余投影面上的投影垂直于相应的投影轴，且反映直线的实长。

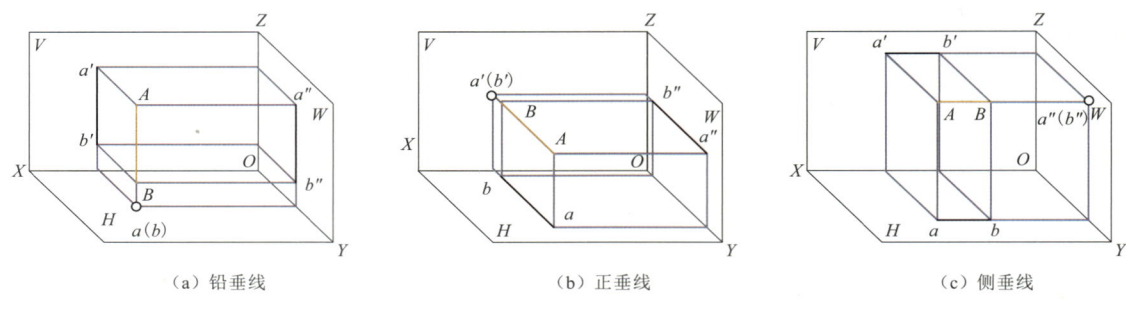

（a）铅垂线　　　　　　　　（b）正垂线　　　　　　　　（c）侧垂线

图 4.2.6　投影面垂直线

4.2.3　平面的投影及规律

和直线的单面投影相同，平面的单面投影可以分为垂直、平行和倾斜三种类型，如图 4.2.7 所示。

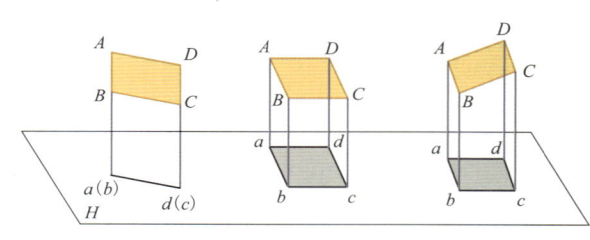

图 4.2.7　平面的单面投影

当平面垂直于投影面时，其投影积聚成一条直线；当平面平行于投影面时，其投影长度和倾角与实际平面长度和倾角一致；当平面倾斜于投影面时，其投影形状和实际平面类似。

在三面体系中，平面的投影也分为三类：投影面倾斜线、投影面平行线和投影面垂直线。

4.2.3.1　一般位置平面（投影面倾斜面）

一般位置平面（投影面倾斜面）是指与三个投影面均倾斜的平面，如图 4.2.8 所示。其投影特性表现为：三个投影均是比平面实形小的类似形。

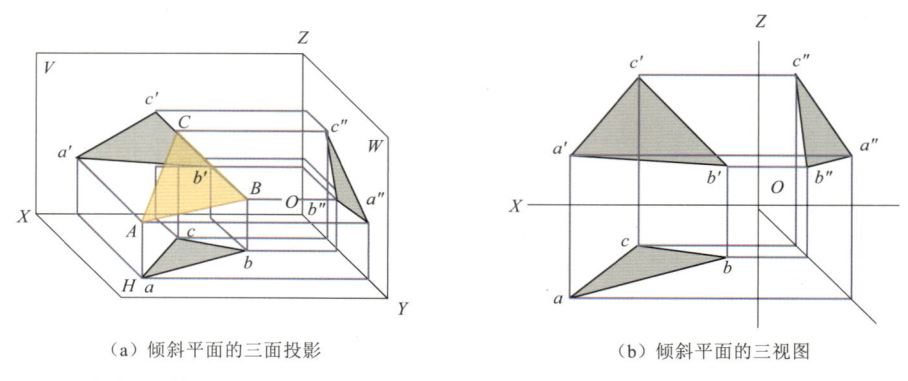

（a）倾斜平面的三面投影　　　　　　（b）倾斜平面的三视图

图 4.2.8　倾斜平面的投影

4.2.3.2　特殊位置平面（投影面平行面）

投影面平行面是指平行于一个投影面，且垂直于其余两个投影面的平面。根据平行投影面的不同，可分为水平面（平行于 H 面）、正平面（平行于 V 面）和侧面面（平行于 W 面）三种类型，如图 4.2.9 所示。其投影特性如下：

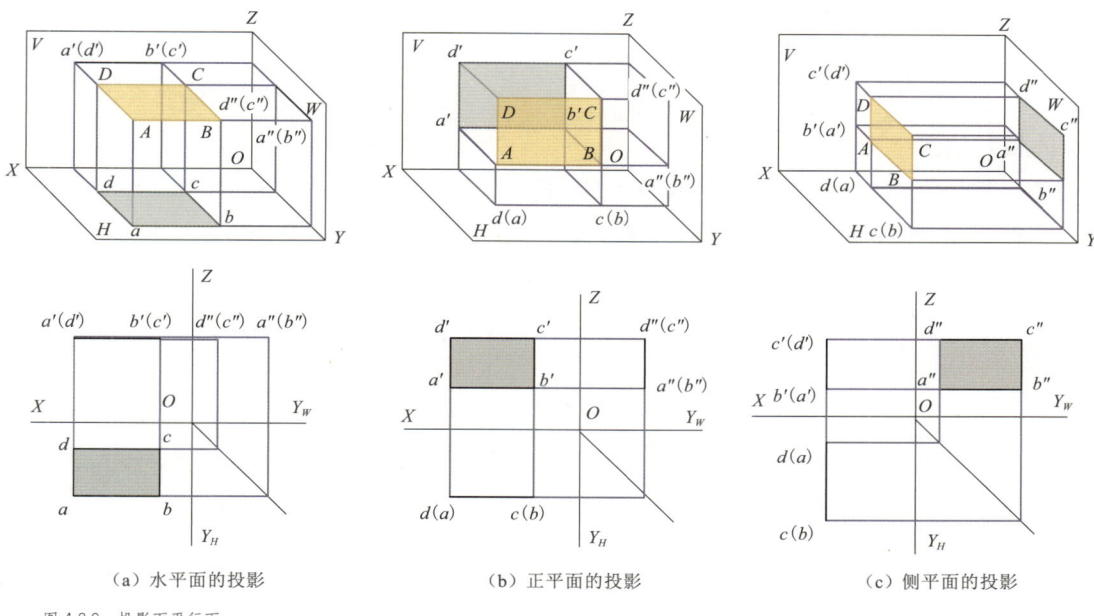

（a）水平面的投影　　（b）正平面的投影　　（c）侧平面的投影

图 4.2.9　投影面平行面

（1）投影面平行面上的投影反映平面的实形。

（2）在其余投影面上的投影积聚为直线，且分别平行于对应的投影轴。

4.2.3.3　特殊位置平面（投影面垂直面）

投影面垂直面是指垂直于某一投影面，而与其余两个投影面倾斜的平面。根据垂直投影面的不同，可分为铅垂面（垂直于 H 面）、正垂面（垂直于 V 面）和侧垂面（垂直于 W 面）三种类型，如图 4.2.10 所示。其投影特性如下：

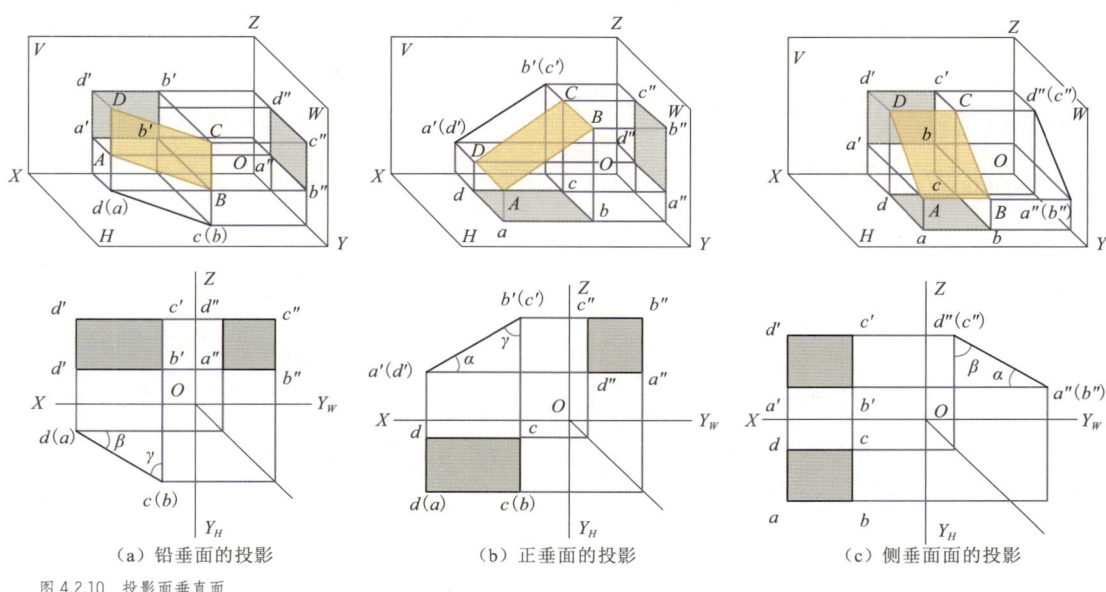

（a）铅垂面的投影　　（b）正垂面的投影　　（c）侧垂面面的投影

图 4.2.10　投影面垂直面

（1）投影面垂直面在所垂直的投影面上的投影积聚成一条倾斜于投影轴的直线，并反映真实倾角。

（2）其余两个投影面上的投影均是面积比平面实形小的类似形。

4.3 点线面的相对位置

4.3.1 两点、两线和两面的相对位置

4.3.1.1 两点的相对位置

两点的相对位置是指两点在上下、左右和前后的位置关系。这种位置关系可以通过两点同面投影的相对位置或坐标值的大小进行判断，即：若 X 值越大，则点的位置越靠左；若 Y 值越大，则点的位置越靠前；若 Z 值越大，则点的位置越靠上。

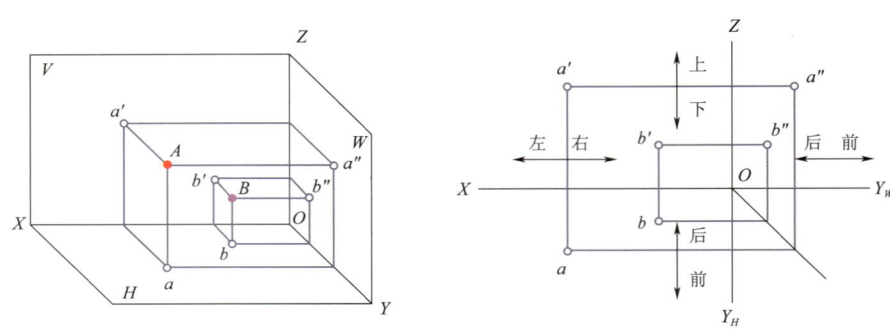

图 4.3.1　空间内两点的位置关系

以图 4.3.1 为例，通过比较点 A 和点 B 所对应的三个坐标值的大小，可以发现：相比于点 B，点 A 的 X 值、Y 值和 Z 值均较大。因此，点 A 位于点 B 的左侧、前方和上方。

当空间中的两点位于某一投影面的同一投影线上时，称这两点为该投影面的重影点，重合在一起的投影称为重影。如图 4.3.2 所示，点 A 和点 B 是对 H 面的重影点，a 和 b 分别是它们的重影。

重影点的可见性判别规则：前遮后，上遮下，左遮右。通常不可见的投影用括号表示。如图 4.3.2 所示，点 A 在点 B 的正上方，则点 A 和点 B 在水平投影面上的投影重合为一点；其中点 A 遮住点 B，则点 B 的水平投影需加括号，表示为 $a(b)$。

4.3.1.2 两线的相对位置

两线的相对位置可以分为平行、相交和交叉三种情况，如图 4.3.3 所示。

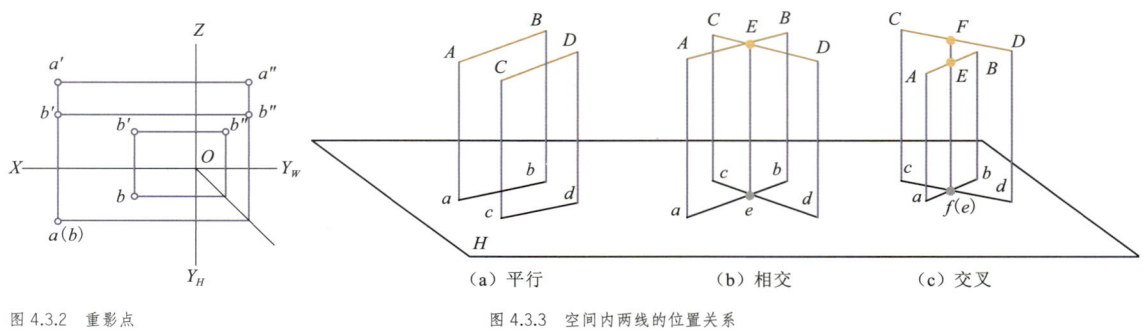

图 4.3.2　重影点　　　　　图 4.3.3　空间内两线的位置关系

若空间两直线平行，则它们的同面投影相互平行；反之，若两直线的各个同面投影均平行，则两直线在空间一定相互平行。

若空间两直线相交,则它们的同面投影必相交,且交点符合点的投影规律。

若空间两直线既不平行也不相交,则这两条直线的相对位置关系称为交叉。其投影不满足平行与相交两直线的投影规律。

其中,需要注意区分相交与交叉两种情况:相交是指空间中两条直线真实相交于某一点。两直线位于同一平面内,其在各个面的投影均存在一个交点。交叉是指两直线既不平行也不相交,两直线分别位于两个不同的平面内,因此也称为异面直线。其各个面的投影可能存在交点(重影点),但空间内不存在真实的交点。

以图 4.3.4(a)为例,判断图中的直线 AB 和直线 CD 是否相交,可以有两种方法进行解答:

(1)判断点的侧面投影是否重合。首先利用"长对正、高平齐和宽相等"作出点 K 的侧面投影 K″,观察图 4.3.4(b),可以发现点 K 的侧面投影 K″ 与直线交点不重合,因此直线 AB 和直线 CD 不相交,为异面直线。

(2)判断分线段是否成比例。观察图 4.3.4(c),可以发现 BK:KA ≠ B′K′:K′A′,因此直线 AB 和直线 CD 不相交,为异面直线。

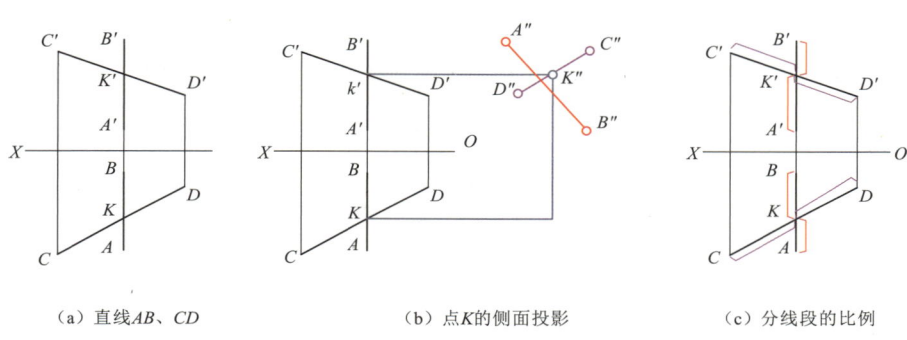

(a)直线 AB、CD　　　　(b)点 K 的侧面投影　　　　(c)分线段的比例

图 4.3.4　判断相交直线的方法

4.3.1.3　两面的相对位置

(1)平面与平面平行。若同一平面内的两条相交直线分别平行于另一平面内的两条相交直线,则可以确定这两个平面相互平行。

如图 4.3.5 所示,过点 K 作一平面与 △ABC 平行的步骤如下:

1)过 K′ 作 K′L′ ∥ B′C′,过 K 作 KL ∥ BC。
2)过 K′ 作 K′F′ ∥ A′C′,过 K 作 KF ∥ AC。
3)由相交直线确定的平面 △KLF ∥ △ABC。

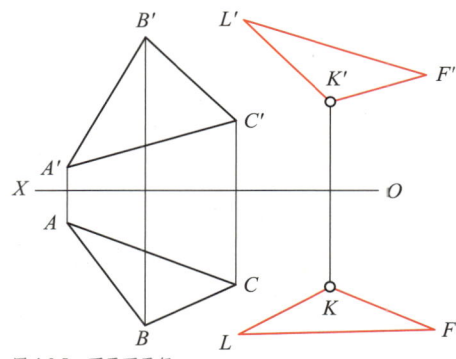

图 4.3.5　两平面平行

(2)平面与平面相交。平面与平面相交会有交线,交线是两平面的共有线,也是两平面可见与不可见部分的分界线。如图 4.3.6 所示,依据交线的不同,平面与平面相交可以分为全交和互交两种情况。当 △DEF 的边线 DE 和 DF 都与 △ABC 相交,则称为全交;若 △DEF 只有边线 DE 与 △ABC 相交,而 △ABC 只有边线 BC 与 △DEF 相交,则称为互交。

(3)平面与平面垂直。若一个平面内有一条直线垂直于另一个平面,则可以确定这两个平面互相垂直。根据以上条件可知，两平面的垂直问题可以转化为直线与平面的垂直问题。如图 4.3.7，因为直线 AD 垂直于直线 AC 和直线 AB，所以直线 AD 垂直于 AC 和 AB 所在的平面 P；又因为直线 AD 位于某一平面内，因此该平面与平面 P 互相垂直。

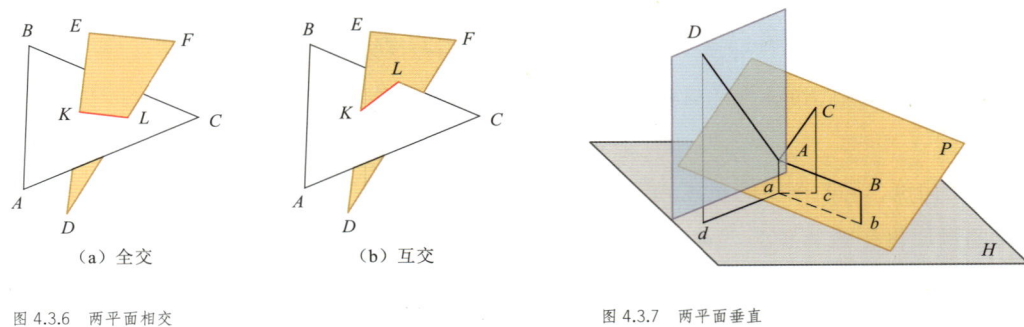

图 4.3.6　两平面相交　　　　　　　　　　　图 4.3.7　两平面垂直

4.3.2　点与线、面的相对位置

4.3.2.1　直线上的点

如图 4.3.8 所示，空间中存在一条直线 AB 及其在三面体系中的投影。在直线 AB 上取一点 C，按照点的投影规律得到点 C 在三面体系中的投影。展开三面投影体系后，观察直线 AB 和点 C 的投影图可以得出以下规律：

（1）点的从属性。若点在直线上，则点的投影必在直线的同面投影上。

（2）点的定比性。若点在直线上，则点分线段长之比等于它们投影长度之比。

4.3.2.2　平面内的点

若一点位于平面内，则该点必位于该平面内的某一条直线上。因此，在平面内取点时，必须先在平面内取直线，然后在直线上取点。

如图 4.3.9 所示，已知点 K 在 △ABC 内，作出点 K 的正面投影步骤如下：

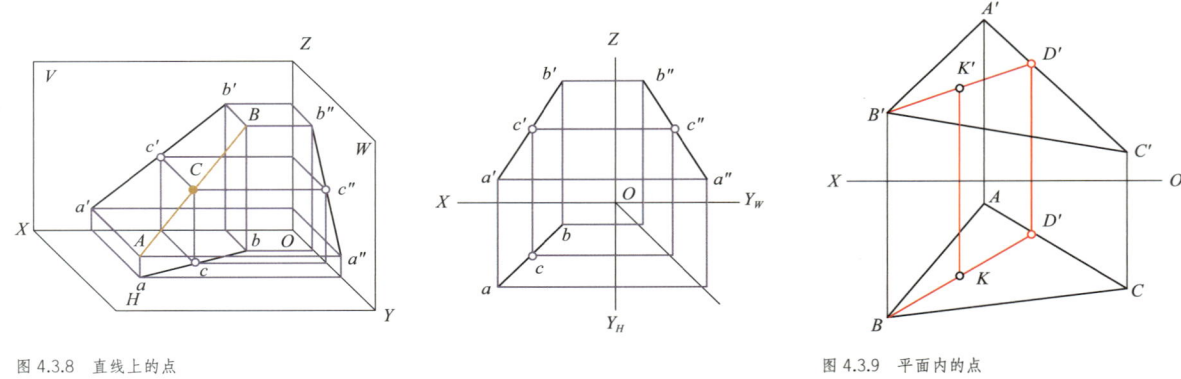

图 4.3.8　直线上的点　　　　　　　　　　　图 4.3.9　平面内的点

（1）连接 BK 并延长交 AC 于点 D。

（2）由 D 作投影连线交 A'C' 于点 D'，连接 B'D'。

（3）由 K 作投影连线交 B'D' 于点 K'，即点 K 的正面投影。

4.3.3 线与面的相对位置

4.3.3.1 直线与平面平行

若一条直线和平面内的另一条直线平行，且该直线不位于平面内，则可以判定该直线平行于这个平面。无论是直线与平面平行，还是平面与平面平行，最终都可以转化成为直线与直线平行。

如图 4.3.10 所示，过点 K 作一直线 KL 与 △ABC 平行，步骤如下：

（1）过 K′ 作 K′L′ ∥ B′C′。

（2）过 K 作 KL ∥ BC。

（3）则直线 KL ∥ BC，KL ∥ △ABC。

4.3.3.2 直线与平面相交

当直线与平面相交时，有且只有一个交点是直线和平面的共有点。它既位于直线上，又位于平面内，因此同时满足直线上点和平面内的点的投影规律。

如图 4.3.11 所示，直线 AB 和平面 △CDE 相交，△CDE 的水平投影积聚为一条直线，根据投影的积聚性可以得出 △CDE 为铅垂面，因此直线投影 AB 与水平面投影 CE 的交点 K 就是线面交点的水平投影。过 K 作投影线交 A′B′ 于 K′，即为直线与平面的交点。

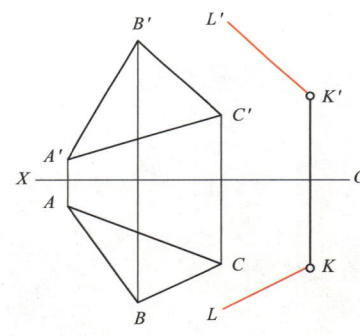

图 4.3.10 直线平行于平面

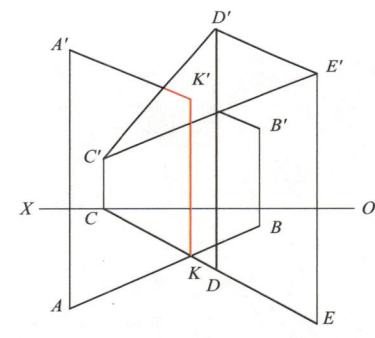

图 4.3.11 直线相交于平面

4.3.3.3 直线与平面垂直

如果一条直线垂直于平面内的任意两条相交直线，则直线与平面垂直。

图 4.3.12 展示了如何通过投影图来判断直线与平面垂直。首先需要确定水平线和正平线，因为它们分别在水平面和正平面上反映了真实倾角。图中 AB 是水平线，AC 是正平线，且存在交点 A。水平投影中 AD ⊥ AB，所以直线 AD ⊥ AB；正面投影中 A′D′ ⊥ A′C′，所以直线 AD ⊥ AC。因此直线 AD ⊥ 平面 ABC。

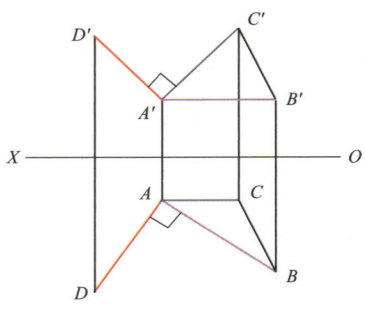

图 4.3.12 直线垂直于平面

4.4 曲线与曲面的投影规律

4.4.1 曲线的形成

当水壶向水杯倒水时，水从壶嘴到杯子的运动轨迹形成了一条曲线。在教学中，将由动点在空间中按特定规律运动所形成的轨迹定义为曲线，如图 4.4.1（a）所示。除此之外，曲线还可以由两个曲面相交或平面与曲面相交形成，如图 4.4.1（b）所示。

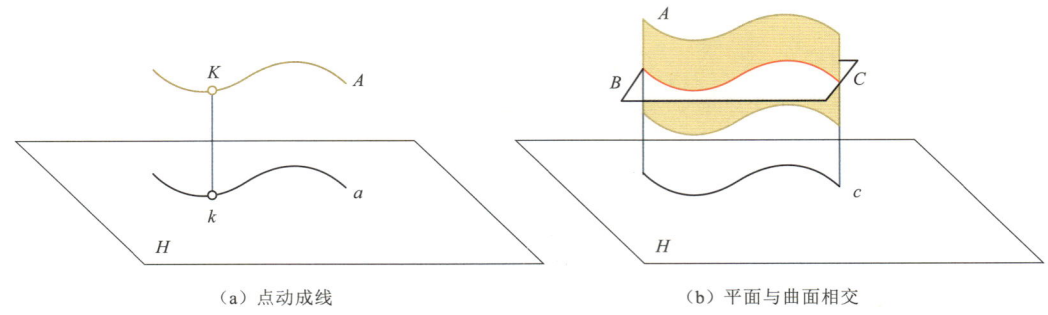

（a）点动成线　　　　　　　　　　　（b）平面与曲面相交

图 4.4.1　曲线的形成

（a）平面曲线　　　　　　　　　　　（b）空间曲线

图 4.4.2　生活中的曲线

根据其线上点的分布，曲线可以分为平面曲线和空间曲线两类。若曲线上所有的点均位于同一平面内，则称此类曲线为平面曲线，如图 4.4.2（a）所示；若曲线上任意四点均不在同一平面内，则称此类曲线为空间曲线，如图 4.4.2（b）所示。

这也反映了平面与空间的区别。三点可以确定一个平面，若存在平面外的第四个点，则可以确定一个空间。因此，空间曲线可以通过四个点的位置关系进行判断。

4.4.2 平面曲线的投影

通常情况下，曲线至少需要两个投影才能确定其在空间中的形状和位置。通过依次绘制曲线上一系列点的投影，并将这些点的同面投影依次光滑连接，即可得到曲线的投影。以圆为例，观察图 4.4.3 可以总结出平面曲线的投影规律：

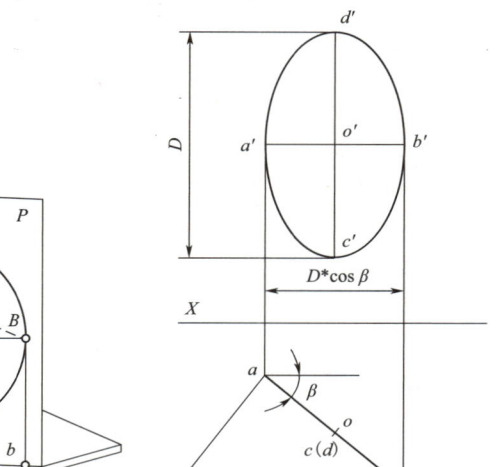

曲线与曲面的投影规律

4.4 课件

图 4.4.3 圆的投影

（1）曲线的投影通常仍为曲线。当曲线平行于投影面时，投影与实际图形相同，体现了投影的实形性；当曲线垂直于投影面时，曲线的投影积聚为一条直线，体现了积聚性。

（2）曲线上任意点的投影仍位于该曲线的同面投影上。曲线的投影是该曲线上所有点的同面投影的集合。

（3）曲线上特殊点的投影通常仍保持其特殊点的性质。例如，圆的中心点在投影图中仍是中心点。

按照曲线的投影规律，圆的投影可以分为三种情况：反映实形的圆、椭圆及积聚为一条直线。

4.4.3 空间曲线的投影

圆柱螺旋线是空间曲线中最常见的一种规则曲线。如图 4.4.4 所示，当圆柱表面上的任一动点绕圆柱轴线作等速回转运动，同时沿圆柱轴线方向作等速直线运动时，该动点的运动轨迹即为圆柱螺旋线。以圆柱螺旋线为例，点 A 的轨迹即为圆柱螺旋线；点 A 运动一周沿轴向移动的距离 A_0A_{12} 称为导程，用 S 表示。

如图 4.4.5 所示，圆柱螺旋线（直径为 d，高为 H，导程为 S）的投影作图步骤如下：

（1）绘制直径为 d 及高为 H 的圆柱的两面投影，随后将水平投影和正面投影上的导程均分成相同的等分，图中为 12 等分。

（2）从导程上各等分点作水平线，再从圆周上各等分点作垂直投影连线，它们相应的交点，如 a_0'，a_1'，a_2'，…，a_{12}'，即为螺旋线上各点的正面投影。

（3）依次将 a_0'，a_1'，a_2'，…，a_{12}' 各点连接成光滑曲线，即可得到螺旋线的正面投影。

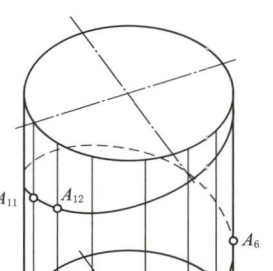
图 4.4.4 圆柱螺旋线

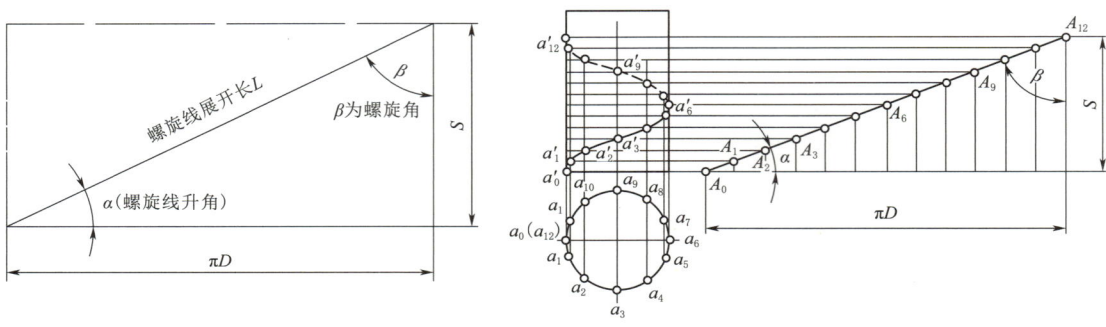

图 4.4.5 圆柱螺旋线的展开图

4.4.4 曲面的形成

曲面可以视为一条动线在空间中按一定规律连续运动所形成的轨迹。常见的曲面有圆柱面、圆锥面、圆球面、圆环面等，其中**圆柱面**是由平行于直导线的直线绕直导线旋转一周所形成的曲面，**圆锥面**是由倾斜于直导线的直线绕直导线旋转一周所形成的曲面，**圆球面**是由圆绕其任意一条直径旋转一周所形成的曲面，**圆环面**是由圆绕直导线旋转一周所形成的曲面。

形成曲面的动线称为母线，当母线处于曲面任一位置时称为素线。

表 4.4.1 常 见 的 曲 线

名称	圆柱面	圆锥面	圆球面	圆环面
形成				
投影面				

4.5 点线面的造型文法

产品造型设计过程中会经常用到点、线、面三种不同的方式，下面结合产品实例，具体介绍点线面是如何运用在产品设计中的。

4.5.1 点、线、面的特性

4.5.1.1 点的造型文法

在图学中，点用于表示位置。几何学上的点存在于两线的相交处，或线段的起点和终点，它只有位置属性，而没有形态和大小。但在设计中，形态上的点是与周围的视觉要素相较而言较弱的形象，其本身的大小可以忽略。点在产品细节中的表达如图 4.5.1 所示。

图 4.5.1　点的造型文法

设计上的"点"是与整个产品形态相比较而形成的，其造型文法具有以下特性：

（1）点具有高度集中的特性。

（2）点极易引导视线，使其在视觉上凸显。

4.5.1.2 线的造型文法

在图学中，线是点的集合，也是点的运动轨迹，因此点的不同运动方向可以形成不同性质的直线和曲线。从几何学的角度来看，线是具有长度的一次元要素。图 4.5.2（a）展示了一系列电子产品中线条的应用，图 4.5.2（b）是比利时 Muller Van Severen 工作室夫妻档：菲恩·穆勒（Fien Muller）和汉内斯·范·泽韦伦（Hannes Van Severen）的灯具作品。该作品将 20 世纪初的荷兰"风格派"（De Stijl）以一种全新的形式融入当下的语境。他们擅长以简洁利落的线条及充满生命力的色彩构成，使每件家具在纯粹形式中都暗藏着趣味与创意玄机。

（a）电子产品中的线　　　　　（b）"Hanging Lamp"系列灯具中的线

图 4.5.2　线的造型文法

若要理解线的存在，交通工具的不同视角视图是一类很好的观察对象。在设计交通工具时，形态设计至关重要，而形态正是由简单的线构成。这些不同的线构成了不同的交通工具，从而带给人不同的视觉感受。

设计上，线比点具有更强的心理效应，不同性质的线具有不同的特性：

（1）直线。更具有方向感和动感，给人以严谨、秩序和明快的感觉。

（2）曲线。更富于变化，给人以轻松、柔和、优雅及流动的感觉。

4.5.1.3　面的造型文法

在图学中，面可以是点的密集，也可以是直线移动的轨迹，分为平面和曲面。但在设计中，形态上的面呈现无限丰富的变化，所有产品都是可以视为由不同形式的面构成。2017年米兰设计周上，Muller Van Severen通过 Fireworks 系列的五件设计作品［图4.5.3（a）］，探究了家具作为抽象空间构成的意义。每件作品都由弯曲或折叠的金属板拼合而成，使空间瞬时变得活跃，仿佛六个平面正在以流动或延展的形式从空间构成中分解开来。在作品3 Pieces Desk［图4.5.3（b）］中，设计者通过灵活变换平面的大小与各对称轴的空间夹角，为用户提供丰富的空间体验。

在设计中，平面与曲面具有不同的特性：

（1）平面。呈现简洁、明快和有序的特点，符合工业化和信息化的要求。

（2）曲面。变化丰富，给人以温和、亲近和优雅的感觉。

（a）Fireworks系列设计作品　　　　　　　　（b）3 Pieces Desk设计作品

图 4.5.3　面的造型文法

4.5.2　点、线、面的综合造型文法

如图4.5.4所示，若将六边形视作一个独立的点，那么平面展现的就是点的变化。若将线理解成一种基本体，那么平面展现的就是线的变化。倘若我们将内凹的面视作一种基本体，那么平面展现的就是一个变化尤为显著的面。

因此，当我们观察一个产品时，可以从不同的造型元素去理解它。不同的观察角度带来不同的设计路径，而这些设计路径最终会汇聚成一个特别具体的结果，那就是我们的最终产品。在具体的产品设计中，点线面的展现远比我们想象的要更丰富。在作品duo seat + lamp中，设计师以点确定光源的位置，以线建构产品的支撑框架，以面延展休憩的座面，灵活地创造了空间中两个用户的不同坐姿体验（图4.5.5）。在另一件灯具作品中，设计者通过对点、线、面的运用，重构了灯具的形态，突破了人们对灯具形态的固有印象（图4.5.6）。

第4章 几何元素的投影原理 47

微课视频

点线面的造型文法(下)

图 4.5.4 点、线、面在工业产品中的综合运用

图 4.5.5 duo seat + lamp 设计作品

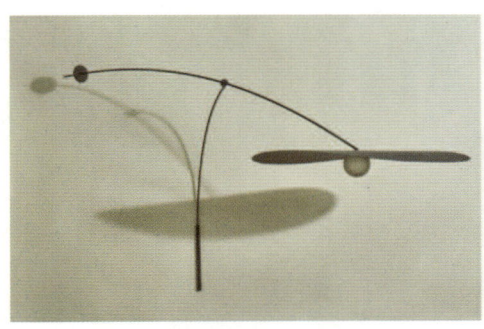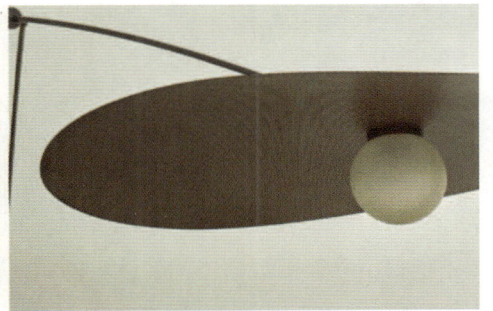

图 4.5.6 灯具作品中的点、线、面

第5章 基本立体

知识要点：■ 掌握点、线、面在三面投影体系中的位置关系、投影规律。
■ 熟悉坐标与投影之间的关系及可见性判断。
■ 了解点线面在设计中的应用。
能力目标：在基本立体方面，培养运用图学思维观察、理解和解构事物的形象思维力。
思政目标：提升理论知识的求真能力。

5.1 平面立体及表面取点

5.1.1 立体的基本概念

立体是指由若干表面所围成的空间实体。按照所围平面的性质，空间实体可分为平面立体和曲面立体。

（1）平面立体是指仅由平面围成的空间实体。例如，四棱柱是由四个三角形平面和一个平行四边形平面围成，属于平面立体。此外，平面立体还包括棱柱、棱锥和棱台等。

（2）曲面立体是指由曲面围成或由平面和曲面共同围成的空间实体。按照曲面的类型，曲面立体大致可以分为圆柱、圆锥、圆球和圆环等。

5.1.2 平面立体的投影

平面立体的投影是平面立体上点、线和面投影的集合。

图 5.1.1 基本立体

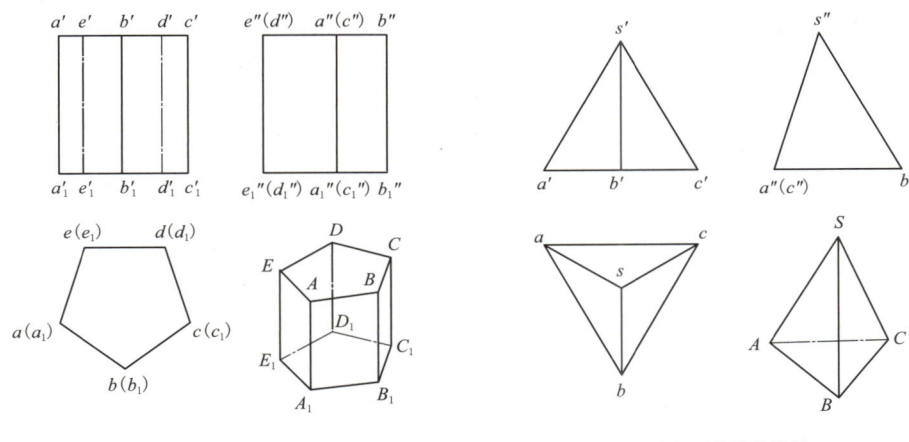

(a) 五棱柱的投影　　　　　　　　(b) 三棱锥的投影

图 5.1.2　五棱柱和三棱锥的投影

图 5.1.2 展示了五棱柱和三棱锥的投影。以五棱柱为例，水平投影是棱柱顶面和底面的投影，正面投影和侧面投影则是棱柱侧面的组合投影。以三棱锥为例，水平投影是顶点、底面三角形和侧面三角形的组合投影，正面投影和侧面投影则是侧面三角形的投影。

绘图技巧如下：

（1）善用三视图的投影规律。

为作图简便，立体的投影图上通常不画出投影轴，但立体的三个投影仍应遵循三视图的投影规律，即"长对正、高平齐和宽相等"的投影关系，并遵循"前遮后、上遮下和左遮右"的原则判断可见性。

（2）注意关键元素（特殊点线面）的提取。

例如，提取平面立体的顶点信息，通过点确定线，通过线确定面，从而完成整个平面立体的投影。

如图 5.1.3 所示，已知三棱锥底面平行于 H 面，锥底为等边三角形。三棱锥的正面投影和水平投影如图 5.1.3（a）所示，补全三棱锥投影的步骤如下：

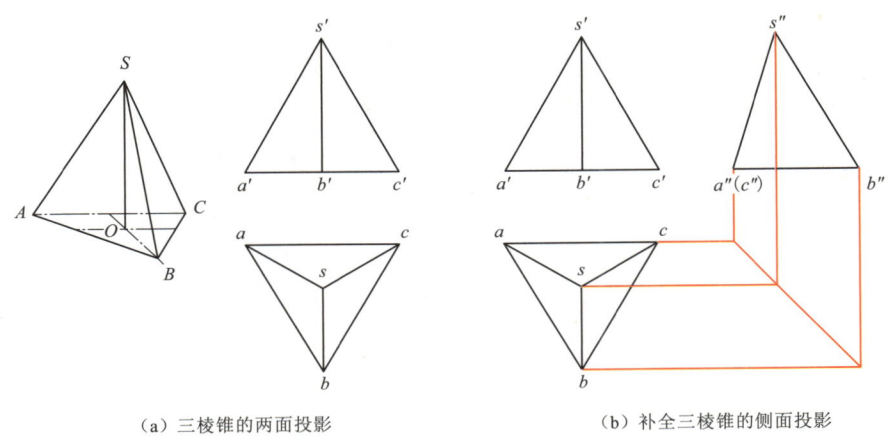

(a) 三棱锥的两面投影　　　　　　(b) 补全三棱锥的侧面投影

图 5.1.3　三棱锥的投影

（1）求正面和水平投影。如图 5.1.3（a）所示，连接正面投影中的 $a's'$ 和 $c's'$，得到正面投影。根据"长对正"的投影规律及等边三角形的信息，绘制出水平投影。

（2）求侧面投影。观察图 5.1.3（b）中的红色辅助线，根据三视图"长对正，宽平齐和高相等"的投影规律，绘制出侧面投影。

平面立体及表面取点

5.1 课件

（3）判断可见性。在侧面投影中 a'' 和 c'' 重合，其中 c'' 在右侧不可见，因此用（c''）表示。最终效果如图 5.1.3（b）所示。

5.1.3 平面立体表面取点

解决平面立体表面取点的问题，首先需要将立体表面取点问题转化为平面取点问题。

如图 5.1.4 所示，已知三棱柱的投影，求其表面上点 M 和点 N 的三面投影的步骤如下：

（1）确定点所在平面。点 M 的水平投影不可见，因此它位于底面上。点 N 的正面投影可见，因此它位于三棱柱的前侧面。

（2）作辅助线求点的三面投影。过点 m 作投影线，交正面投影的底边于点 m'，即点 M 的水平投影；过点 n' 作投影线，交棱柱水平投影的侧边于点 n，即点 N 的水平投影。根据"宽相等"的投影规律，求得点 M 和点 N 的侧面投影 m'' 和 n''。

（3）判断可见性。点 N 的侧面投影不可见，因此用（n''）表示。

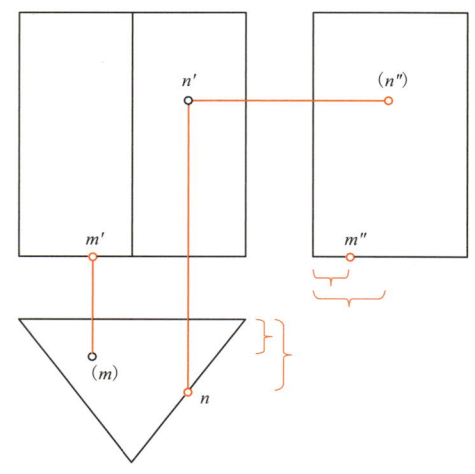

图 5.1.4　三棱柱的表面取点问题

5.2　曲面立体及表面取点

5.2.1　曲面立体的投影

5.2.1.1　圆柱体的投影

如图 5.2.1 所示，圆柱体的上顶圆和下顶圆均位于水平面，其水平投影为反映实形的圆，而正面投影和侧面投影则分别积聚为一条直线。圆柱体的正面投影和侧面投影为两个相同的矩形，两面投影的轮廓线分别为圆柱面上最左、最右、最前和最后的轮廓素线的投影。最后，根据位置关系，可以判定其可见性。

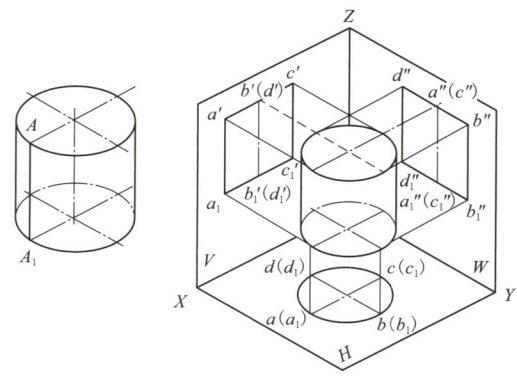
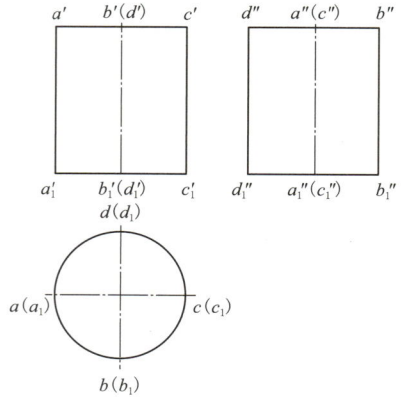

图 5.2.1　圆柱体的投影

5.2.1.2 圆锥体的投影

如图 5.2.2 所示，圆锥体的水平投影为圆锥底面和顶点投影的集合，其中正圆锥顶点的水平投影与底面圆的水平投影中心重合，其正面投影和侧面投影为两个相同的等腰三角形。

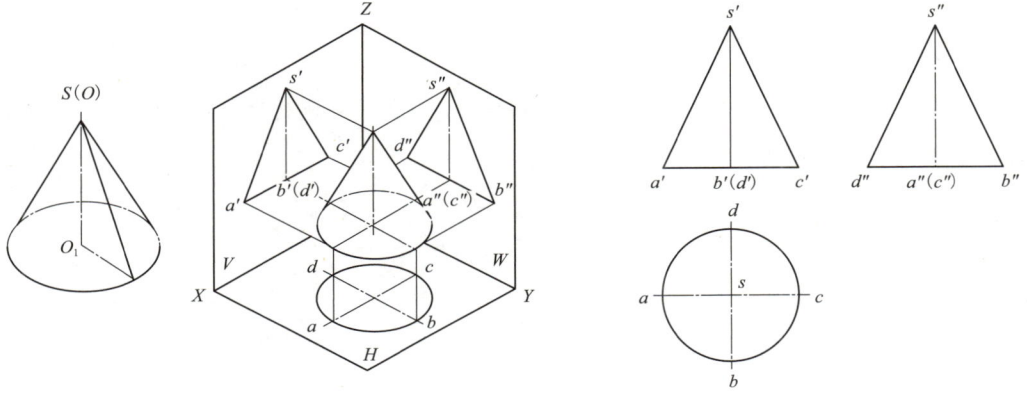

图 5.2.2 圆锥体的投影

5.2.1.3 圆球体的投影

如图 5.2.3 所示，圆球体的三面投影均为与圆球直径相等的圆。

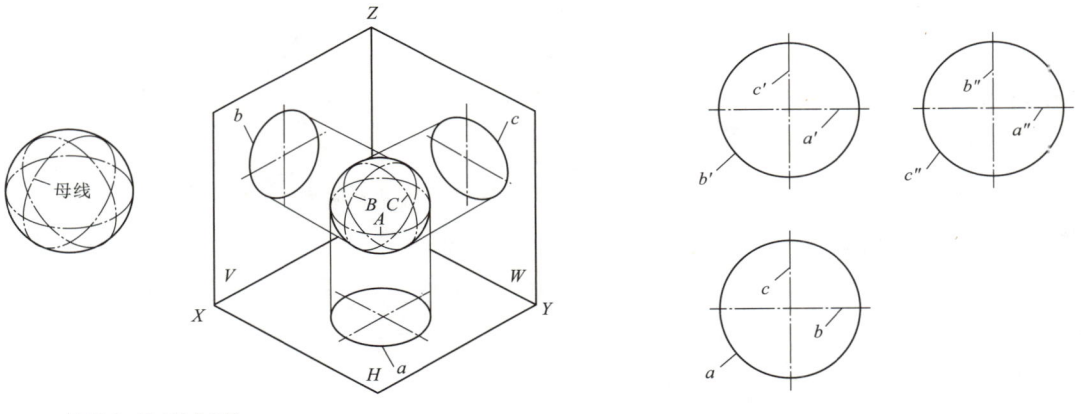

图 5.2.3 圆球体的投影

5.2.1.4 曲面立体投影的画图步骤

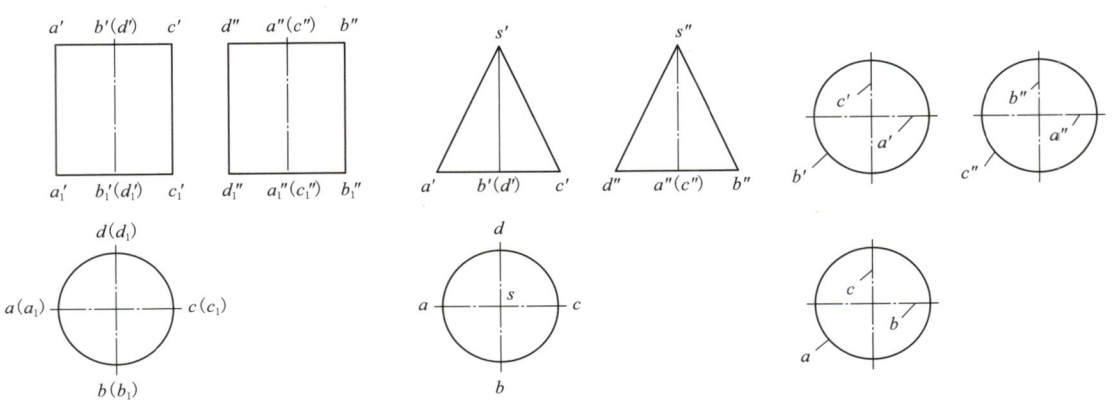

图 5.2.4 曲面立体的投影

曲面立体及表面取点

5.2 课件

（1）绘制出中心线与轴线的三面投影。

（2）绘制出投影为圆的俯视图。

（3）按对应的高，根据"三等关系"的投影规律，绘制出圆柱体和圆锥体的其他两面的投影。

5.2.2 曲面立体表面取点

与平面立体表面取点问题一样，曲面立体表面取点要将曲面立体表面取点问题转化为平面取点的问题。

5.2.2.1 圆柱体表面取点

如图 5.2.5 所示，已知圆柱体表面上点 M 和点 N 的正面投影，求点 M 和点 N 的其余两面投影的步骤如下：

（1）确定点所在平面。如图可知，点 M 的正面投影不可见，因此它位于圆柱的左后面；点 N 的正面投影可见，因此它位于圆柱的右前方。

（2）作辅助线求点的三面投影。作投影线可得点 M 和点 N 的水平投影 m 和 n，根据"宽相等"的投影规律可得点 M 和点 N 的侧面投影 m″ 和 n″。

（3）判断可见性。点 N 位于圆柱的右前方，因此 n″ 不可见，需加括号表示。

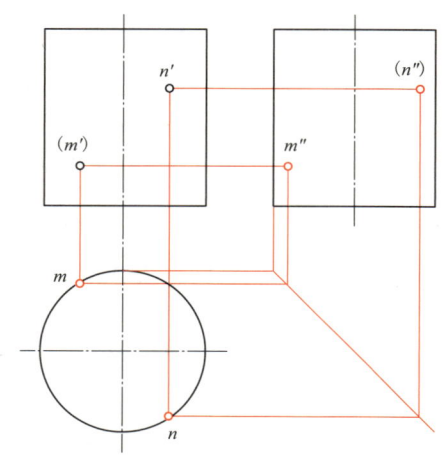

图 5.2.5 圆柱体表面取点

5.2.2.2 圆锥体表面取点

圆锥体表面取点方法包括素线法和纬圆法。圆锥体表面取点与棱锥表面取点问题类似，但在投影线的基础上还需要添加辅助线进行求解。素线和纬圆即为辅助线。将母线处于曲面另一位置时的线称为素线，将和表面上的点处在同一维度的圆称为纬圆。

已知圆锥体表面上点 K 的正面投影，求点 K 的其余两面投影的步骤如下：

（1）确定点所在平面。由图可知，点 K 正面投影可见，因此它位于圆锥的左前方。

（2）作辅助线求点的三面投影。

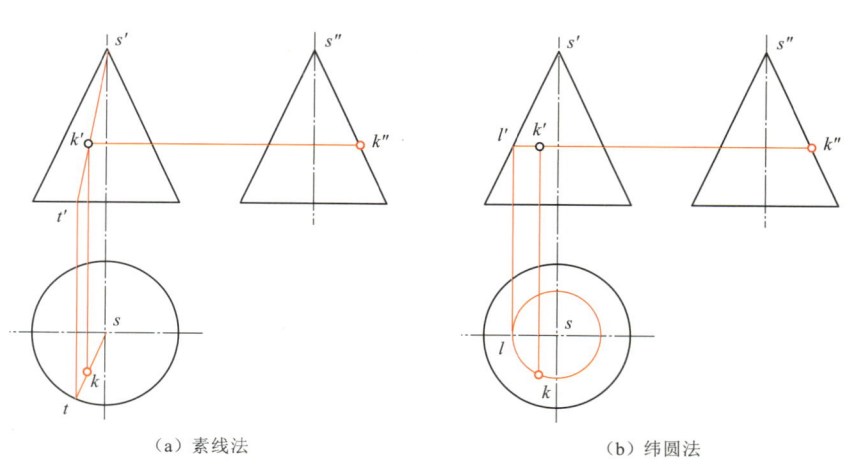

（a）素线法　　　　　（b）纬圆法

图 5.2.6 圆锥体表面取点

1）用素线法作辅助线的方法如图 5.2.6（a）所示：连接 s'k' 交底边于点 t'，作 t' 的投影线与俯视图的左前方交于 t，连接 st 并与 k' 的投影线相交于点 k，即求得点 K 的水平投影。作 k' 的水平线交侧边于 k''，即求得点 K 的侧面投影。

2）用纬圆法作辅助线的方法如图 5.2.6（b）所示：过 k' 作水平线交侧边于 l'，作 l' 的投影线得到水平投影 l。以 s 为中心及 sL 为半径画圆，因为点 K 和点 L 均位于同一高度，且它们的水平投影位于同一个圆上，因此作 k' 的投影线可得点 K 的水平投影 k。作 k' 的水平线交侧边于 k''，即求得点 K 的侧面投影。

（3）判断可见性。点 K 在各视图均可见。

5.2.2.3 圆球体表面取点

圆球体不存在素线，因此其表面取点问题采用纬圆法解决。

如图 5.2.7 所示，已知圆球体表面点 K 的正面投影，求其余两面投影的步骤如下：

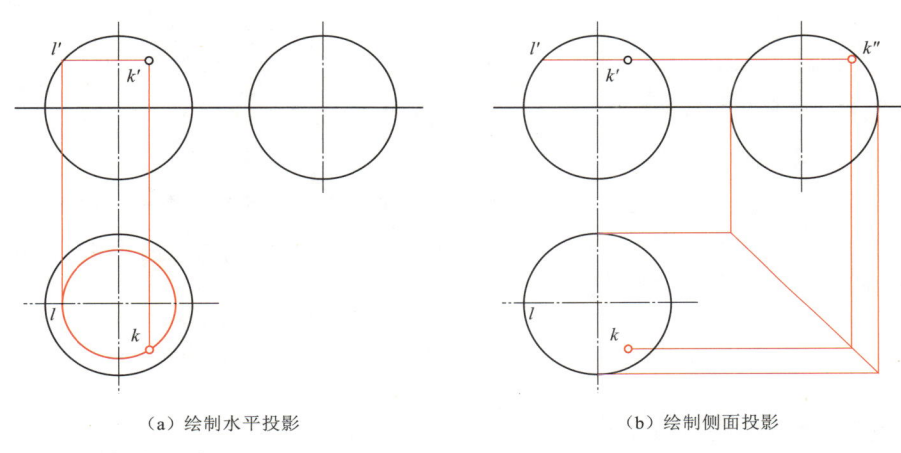

（a）绘制水平投影　　　　　　（b）绘制侧面投影

图 5.2.7　圆球体表面取点

（1）确定点所在平面。由图可知点 K 处于圆球体的右前上方。

（2）作辅助线求点的三面投影。如图 5.2.7（a），过 k' 作水平线交于 l'，作 l' 的投影线交轴线于 l，以 s 为圆心及 sL 为半径画圆，根据纬圆法确定点 K 的水平投影 k。如图 5.2.7（b），过 k' 作水平线，根据"宽相等"的投影规律求出点 k 的侧面投影 k''。

（3）判断可见性。投影点 k、k' 与 k'' 均可见。

第6章 立体的截切

知识要点： ■ 掌握立体截切的投影规律及作图。
■ 了解立体截切在设计中的应用。

能力目标： 在立体截切方面，培养运用图学思维观察、理解及解构事物的形象思维能力。

思政目标： 以传统诗词"月有阴晴圆缺"为切入点，展现传统文化意向的当代创造性表达，培养创新意识。

6.1 立体的截切及其造型的文法

6.1.1 随处可见的立体截切

生活中，截切线随处可见，立体的截切对我们来说也并不陌生。通过生活中的实例，我们可以更直观地了解立体的截切。

在准备美食的过程中，我们经常需要使用刀具加工食材。如图6.1.1所示，厨师正在制作寿司，整块的食材被切成数片，这个过程可以被看作截切。

在2020年东京奥运会的火炬设计（图6.1.2和图6.1.3）中，我们也可以看到设计者对立体截切的灵活运用。火炬外观如盛开的樱花，展现出设计者对材料和产品形态的深度思考。塑形过程中，先采用铝挤压制造技术，实现了无缝式的单体构造；再通过数控加工技术，对单体管材进行立体切割，从而使截切面呈现樱花的造型。

图6.1.1 食材的截切

图 6.1.2　东京奥运会樱花火炬（设计师：吉冈德仁）

图 6.1.3　东京奥运会樱花火炬中的立体截切与制造

除了应用在产品造型上，立体的截切在工程方面也有着重要的意义，是工程制图领域的重要知识点。

6.1.2　截交线

6.1.2.1　截切的概念

观察图 6.1.4，以四棱锥和圆柱体这两个基本体为例，可以得出截切相关的几个概念：

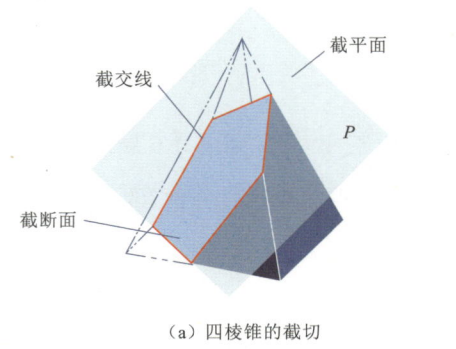
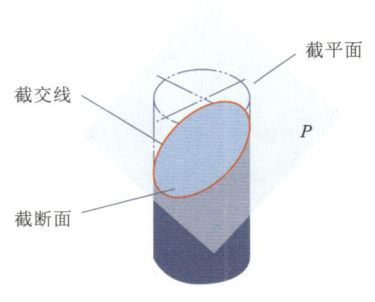

（a）四棱锥的截切　　　　　　（b）圆柱体的截切

图 6.1.4　截切示意

（1）截平面。用来截切立体的平面。
（2）截交线。用假想平面切割形体，由截平面与立体表面形成的交线。
（3）截断面。截断面也称断面，是由截交线围成的平面图形。

6.1.2.2 截交线的特性

（1）共有性。截交线是指截平面和回转体表面的共有线，截交线上任意一点均是它们的共有点，故具有共有性。

（2）封闭性。截交线是封闭的平面图形，故具有封闭性。截交线的形状取决于回转体表面的形状，以及截平面相对于回转体轴线的位置。

6.1.2.3 截交线的工程意义

综上，我们可以总结出在工程图中截交线的绘制要求：

（1）完善且清晰地表达出零件及实体结构各部分的形状和相对位置。

（2）为准确地制造该零件及结构提供条件。

6.1.3 截交线的造型文法

6.1.3.1 丰富产品造型

截切可以带给产品更丰富的造型。以蜂蜜罐为例，图 6.1.5 展示了两种不同形态蜂蜜罐的截切效果。左侧图的蜂蜜罐形态经过了复杂的立体截切，形成了丰富多样的复杂造型。右侧的蜂蜜罐则采用了正六边形的轮廓，可以理解为一个立方体经过四次截切的结果；截切过的产品可以进行更多方式的堆叠，形成状似蜂巢的奇妙摆放形式。从产品的后期销售及其他体验角度而言，截切在此的巧妙应用增加了用户的体验维度。

图 6.1.5 蜂蜜罐的截切应用

6.1.3.2 完善产品功能

截交线可以帮助产品分布功能区，协调产品的造型与功能。以茶具为例，图 6.1.6 展示了一款茶具的使用过程。它的造型可以理解为一个倒置的锥体通过两次截切而形成。两次截切形成的不同平面为这个器具的饮茶方式提供了巧妙的设计。

杯子在第一种放置状态下，使用者可以注水泡茶，静置一段时间后，将茶具向反方向倾斜放置，茶渣就被过滤在另一侧。通过两个不同的截平面实现饮茶功能的转换，这体现了设计者对截平面的巧妙运用。

以果盘为例（图 6.1.7），这是一个将果核放置功能和食盒功能融为一体的产品。从图中可以看到，它是由一个回转体截切而成，其截断面被设计者用作分离两个功能区：上方用于放置果实，下方用于放置果核，使产品使用更加便捷与人性化。

图 6.1.6 茶具的截切应用　　　　　　　　图 6.1.7 果盘的截切应用

6.1.3.3 增加产品设计创意

复杂的截切让设计更具创意。以月亮杯为例（图 6.1.8），这是一件文化意象深刻的器皿设计，用于装取韩国传统米酒。随着米酒倒入，酒杯内会呈现出不同的月牙形，这对应了亚洲文化里对月亮这一意象的理解，体现了"月有阴晴圆缺"的意境。可以发现，设计者通过曲面截切一个近似于锥体形态的立体，令其在不同的米酒容量下，形成不同的断面形态。

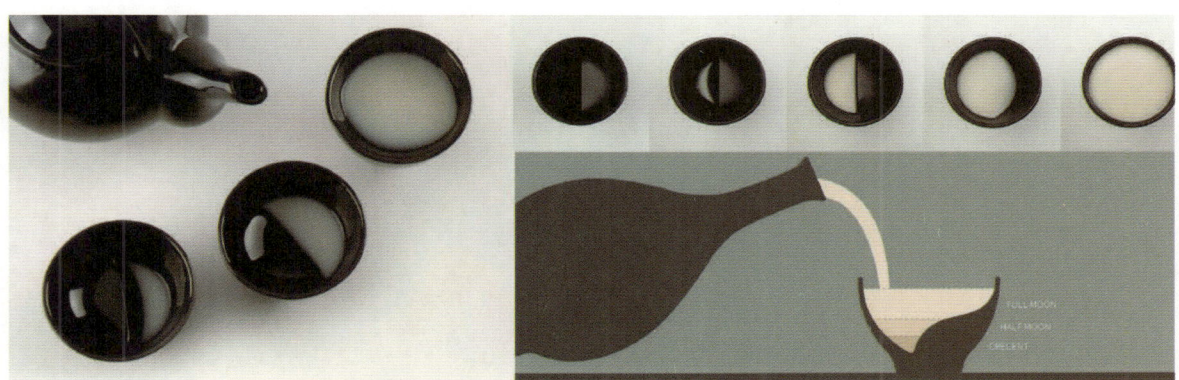

图 6.1.8 酒具的截切应用

综上案例，在产品设计中，我们将截交线理解为造型物各面之间及各部分形体之间的直接过渡，是由一个面到另一个面，由一个形体到另一个形体之间的直接转换，因此，截交线具有转换明显与轮廓清晰的特点。

6.2　平面立体的截切

6.2.1　绘制平面立体的截交线

平面立体是指各表面均为平面的立体，如常见的棱柱体和棱锥体。棱柱的棱线彼此平行，棱锥的棱线相交于一点。

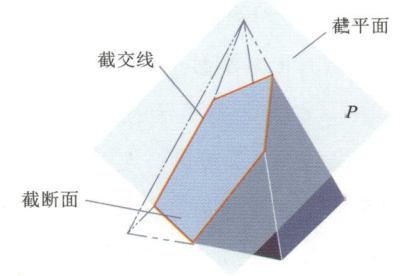

图 6.2.1 平面立体的截切

6.2 课件

6.2.1.1 平面立体的截切

以四棱锥为例，观察图 6.2.1，我们将截切立体的平面 P 称为截平面，将截平面与立体表面的交线称为截交线，将截交线围成的平面空间称为截断面。

6.2.1.2 绘制平面立体截交线的方法

求截交线的实质，就是找出被截切立体表面上若干点的投影。因此，求截交线的步骤如下：

（1）求出交点与交线。找出截平面与平面立体各棱线的交点，以及截平面与平面立体各棱面的交线，这有助于确定截交线的范围。

（2）依次连接各点，判断其可见性，并整理轮廓线，最终确定截交线。

6.2.2 三棱锥的截切

6.2.2.1 棱锥截切的造型文法

为了庆祝豪华手表零售商 The Hour Glass 40 周年，Nendo 工作室设计了一款立方体时钟，其设计宗旨在于模糊艺术设计和手表之间的界限。如图 6.2.2 所示，这是一个被切去两个角的方体，它平稳地放置在空间中；特殊的是，这个方体上出现了几条直线。在产品设计表达上，该工作室并未在时钟上额外增加不必要的零件和材料，而是通过从一个角上切下两个铝条，形成时钟的时针和分针。

图 6.2.2 Nendo 工作室设计的立方体时钟

从整体上看，这款时钟是由实心拉丝铝立方体形成的。其底座部分通过减法设计，切去了正方形的一个角以达到平衡。从构成单元上看，时针和分针分别是两个平面立体，即三棱锥和三棱台，它们被安置在方体的一个切角上。该设计的巧妙之处在于，只有当一天中处于 0 点和 12 点的时候，时钟和分针才会重叠，此时方体才恢复完整。这一设计蕴含着让人心情复位的理念。

6.2.2.2 绘制三棱锥截交线的方法

观察图 6.2.3（a）可知，三棱锥水平放置，底面是正三角形，正垂面 P 是截平面，求截交线投影的步骤如下：

（1）求交点的正面投影。由于截平面 P 是正垂面，其正面投影具有积聚性。如图 6.2.3（b）所示，三条棱线 $s'a'$、$s'b'$ 和 $s'c'$ 与正垂面 P 的交点 $1'$、$2'$ 和 $3'$ 既位于截平面 P_v 上，又位于三棱锥棱柱上。

（2）求截交线的正面投影。连接交点 $1'$、$2'$ 和 $3'$，求得截交线的正面投影。

（3）求交点的水平投影。如图 6.2.3（c）所示，根据点的投影性质，作 $1'$ 和 $3'$ 的投影线交 sa 于点 1，交 sc 于点 3，即求得交点的水平投影 1 和 3。根据直线上点的投影规律中的定比性，过点 $2'$ 作 $a'c'$ 的平行线交 $s'a'$ 于 d'。根据点的投影特性，作投影线求得点 d' 的水平投影 d，再过点 d 作平行于 ab 的辅助线交 sb 于一点，即求得交点的水平投影 2。

（4）求截交线的水平投影。连接交点 1、2 和 3，求得截交线的水平投影。

（5）判断可见性，整理轮廓线。最终，三棱锥的截交线如图 6.2.3（d）所示。

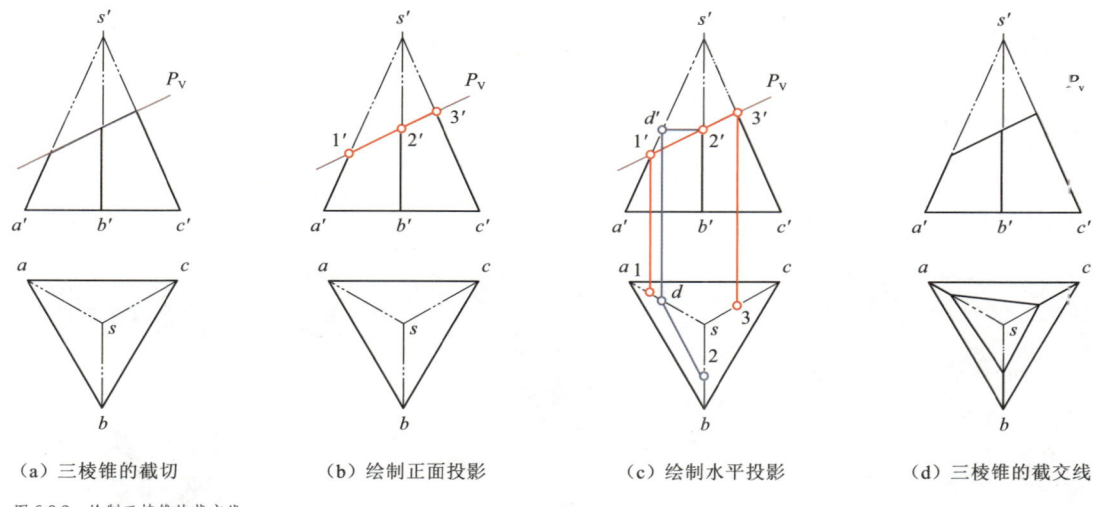

（a）三棱锥的截切　　（b）绘制正面投影　　（c）绘制水平投影　　（d）三棱锥的截交线

图 6.2.3　绘制三棱锥的截交线

6.3　曲面立体的截切

6.3.1　绘制曲面立体的截交线

6.3.1.1　曲面立体的截切

由曲面围成或由曲面和平面围成的立体称为曲面立体。

在工程设计中，最常见的曲面立体是回转体，例如由球面围成的球体、由环面围成的环体、由圆柱面和两个底平面围成的圆柱体，以及由圆锥面和一个底平面围成的圆锥体等。图 6.3.1 展示了几种常见的曲面立体的截切。

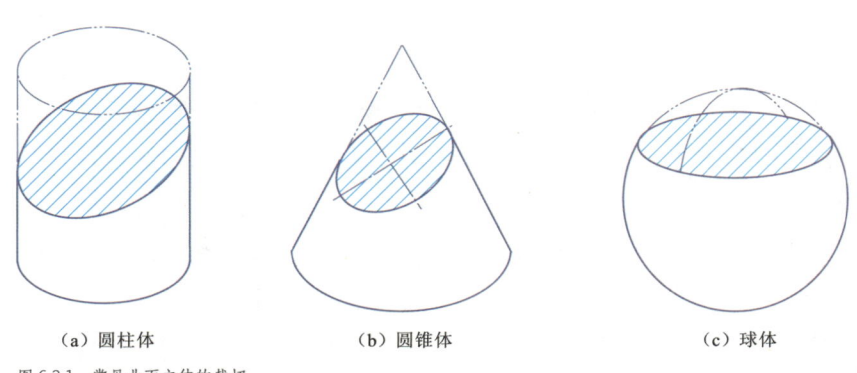

（a）圆柱体　　　　（b）圆锥体　　　　（c）球体

图 6.3.1　常见曲面立体的截切

6.3.1.2　绘制曲面立体截交线的方法

求截交线的实质，是求截平面与回转体表面共有点的投影。因此，求截交线的步骤如下：

（1）空间分析。根据截平面和回转体的特点，分析截交线的形状及投影情况，确定解题的方法。

6.3 课件（一）

（2）求点。按特殊点与一般点的次序，求出属于截交线上的点。

（3）连线。依次连接所求各点。

（4）判别可见性。区分截交线在各投影中的可见性。

（5）整理轮廓线。补全回转体被截后的转向轮廓线，确定各投影面投影。

6.3.2 圆柱体的截切

6.3.2.1 圆柱体截切的造型文法

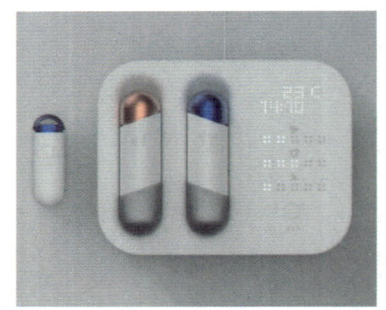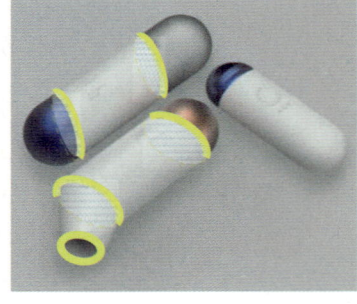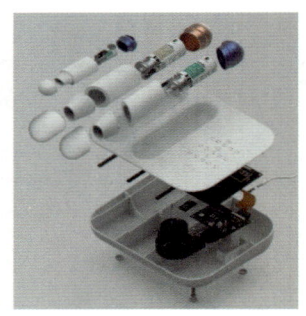

图 6.3.2 AER 产品设计中的截切

如图 6.3.2 所示，AER 是由英国产品设计师阿比杜尔·乔杜里（Abidur Chowdhury）设计的哮喘管理系统，它由两个吸入器、一个环境感知平台、一个紧急吸入器和一个配套应用程序组成。该产品旨在以方便、谨慎和美观的方式帮助人们更好地控制哮喘，并通过更好的管理来增进健康。病人除了借此了解自己的病情外，还可以更好地管理哮喘。同时，该产品能够减少专业的医疗时间，并大幅降低与哮喘相关的社会成本。图 6.3.2 右侧的爆炸图展示了一个具有制造能力的提案，该提案采用 ABS 零件的注塑成型工艺，内部进行了大量细节处理。从零件中，我们可以看到设计者对圆柱形体的分解与切割。

设计师最初利用快速草图来探索产品的各种形式、功能及实施方式，随后进行草图探索直到概念初步形成。随着概念变得更加清晰，设计师制作并评估了结合泡沫和纸质模型的高质量视觉效果。在选定最终效果之后，设计师结合草图并利用建模和 CAD 进行进一步迭代开发，最终设计出该产品。在整个产品的实现过程中，我们可以发现各种曲线与截面的加工。

6.3.2.2 绘制曲面立体截交线的方法

如图 6.3.3（a）中的黑线所示，已知圆柱体被截切后的水平投影和正面投影，求其侧面投影的步骤如下：

（1）空间及投影分析。由图 6.3.3 可知，圆柱轴线垂直于 H 面，截平面 P 是正垂面。分析可得截交线的正面投影与截平面的正面投影重合，积聚为一条直线；截交线的水平投影与圆柱面的投影重合，积聚为圆。

（2）求特殊点。如图 6.3.3（a）中的红线所示，作出截切前圆柱的侧面投影。利用表面取点法，选取水平投影中的 1、3、6 和 8 等 4 个特殊点。根据点的投影特性，作投影线可得正面投影 1′、3′、6′ 和 8′，作水平线可得侧面投影 1″、3″、6″ 和 8″。

（3）求一般点。如图 6.3.3（b）所示，利用表面取点法，在相邻的两特殊点中间各取一个一般点，选取正面投影中的 2′、4′、5′ 和 7′ 等 4 个一般点。根据点的投影特性，作投影线可得水平投影 2、4、5 和 7，根据"宽相等"的投影规律求得侧面投影 2″、4″、5″ 和 7″。

（4）连线。将侧面投影中的 8 个点依次光滑连线，可得截交线的侧面投影，即一个椭圆。

（5）判别可见性。分清截交线在各投影中的可见性。

（6）整理轮廓线。最终结果如图6.3.3（c）所示。

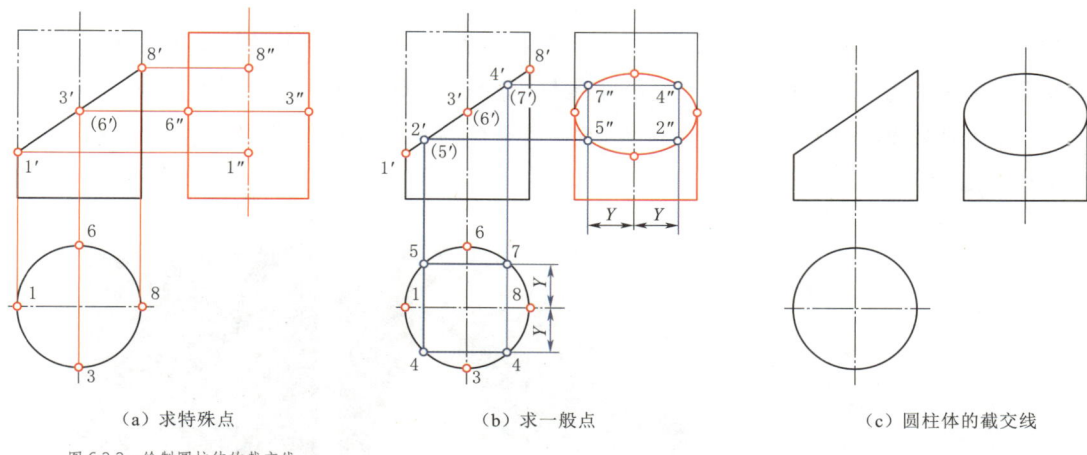

（a）求特殊点　　　　（b）求一般点　　　　（c）圆柱体的截交线

图 6.3.3　绘制圆柱体的截交线

6.3.2.3　圆柱体的截切类型

如表6.3.1所示，当截平面与圆柱体的相对位置发生改变时，会产生不同的截切方式及截交线。

（1）当截平面平行于圆柱轴线时，截交线是一个矩形。

（2）当截平面垂直于圆柱轴线时，截交线是一个圆。

（3）当截平面倾斜于圆柱轴线时，截交线是一个椭圆。

表 6.3.1　圆柱体的截切类型

截平面的位置	截平面平行于轴线	截平面垂直于轴线	截平面倾斜于轴线
截交线	矩形	圆	椭圆
立体图			
投影图			

6.3.3 圆锥体的截切

6.3.3.1 圆锥体截切的造型文法

蜡烛经常被用来制造美丽的香味和舒适的气氛，还被许多人用于室内装饰。在产品 Mood Cone（图 6.3.4）中，无论是最初草图构思中截切基本体的选择，还是最终产品功能的分材质呈现，设计师都巧妙地运用了截切的造型文法。该产品主要由带有蜡烛的底台、一个锥形罩面及一个金属盖子组成，其中圆锥罩被划分为上下两个部分，上部采用了半透明的材质。

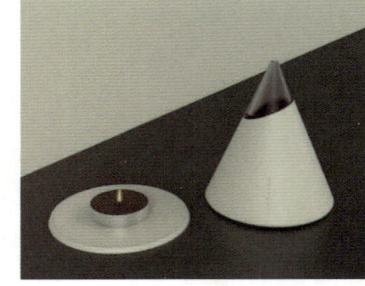

图 6.3.4　Sangwon Park 设计的产品 Mood Cone

Mood Cone 的使用方式如图 6.3.5 所示。首先，使用者通过底台和蜡烛的放置实现基本光源的呈现。其次，当使用者希望减弱光源时，只需将锥形罩面放置在圆台上，此时蜡烛的光源只能透过锥形罩面顶部的透明材质来散发，因此光的强度被减弱。最后，也是最精巧的设计在于，当不需要光源时，只需要盖上金属罩，将锥形罩内部的蜡烛与外界的氧气隔绝，光源便会自动消失。

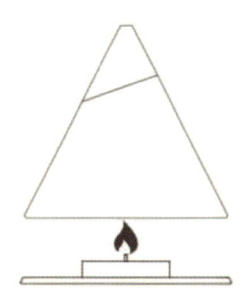
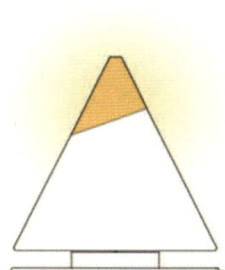
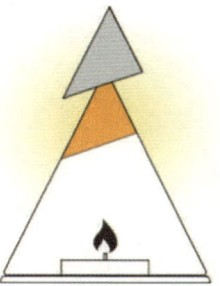
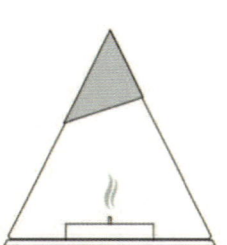

图 6.3.5　Mood Cone 的使用方式

在整个设计过程中，正是由于设计者对形态分割的深刻理解，如此精巧的设计创意才能得以实现。我们可以看到，设计者从最初的形体逐步推敲，确定了最终形态，同时经过材质与肌理的后续调整，才形成了更清晰的设计。如图 6.3.6 所示，迭代版产品拥有更丰富的产品效果和感官信息，呈现出更好的视觉效果。

6.3.3.2 绘制圆锥体的截交线

如图 6.3.7 所示，已知圆锥被倾斜于轴线的正垂面所截切，求其水平和侧面投影的步骤如下：

（1）空间及投影分析。由图可知，圆锥轴线垂直于 H 面，截平面 P 是正垂面。分析可得，截交线的正面投影与截平面的正面投影重合，积

图 6.3.6　迭代版产品

聚为一条直线；截交线的水平投影和侧面投影仍为椭圆，但不反映实形。

（2）求特殊点与一般点。如图6.3.8所示，作出截切前圆锥的侧面投影。

1）如图6.3.8（a），利用表面取点法，选取正面投影 1′ 和 2′ 两个特殊点，根据点的投影特性，求得水平投影 1 和 2 和侧面投影 1″ 和 2″；同理，选取正面投影 3′ 和 4′ 两个特殊点，作水平方向投影线，求得侧面投影 3″ 和 4″，再根据"宽相等"的原理求得水平投影 3 和 4。

2）如图6.3.8（b），选取正面投影 5′ 和 6′ 两个特殊点，根据点的投影特性，作水平方向投影线得侧面投影 5″ 和 6″，根据纬圆法求得水平投影 5 和 6。

3）如图6.3.8（c），为准确绘制出截交线侧面投影，选取正面投影 7′ 和 8′ 两个一般点，根据素线法可得水平投影 7 和 8，再根据点的投影特性可得侧面投影 7″ 和 8″。

（3）连线，判别可见性，整理轮廓线。最终结果如图6.3.8（d）所示。

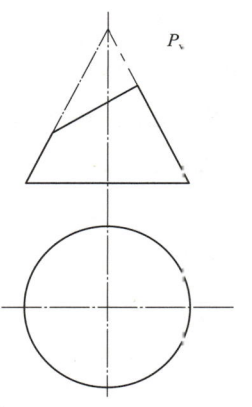

图 6.3.7　圆锥体的截交线

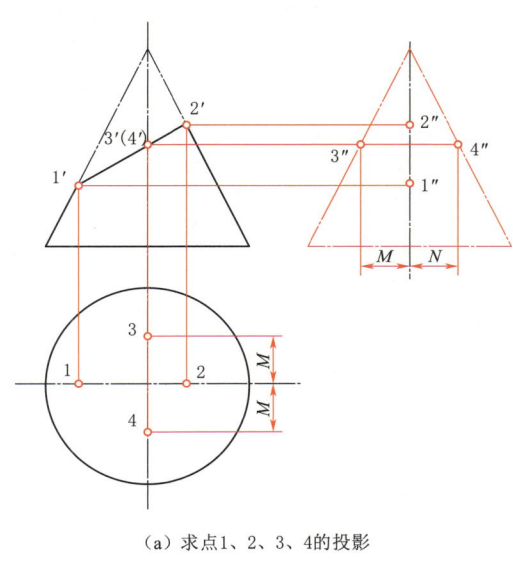

（a）求点1、2、3、4的投影

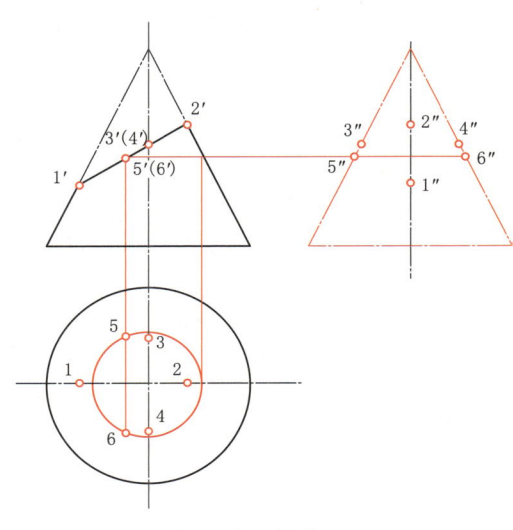

（b）求点5、6的投影

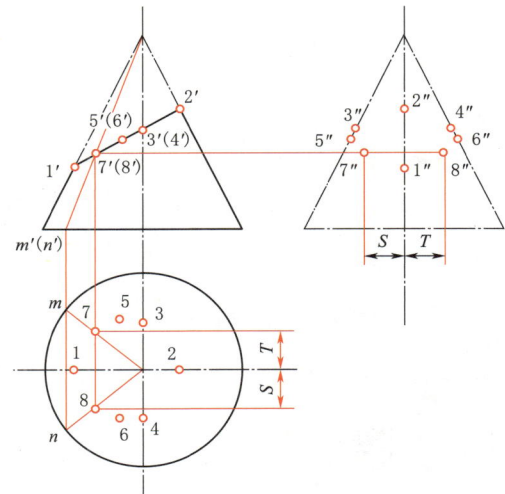

（c）求点7、8的投影

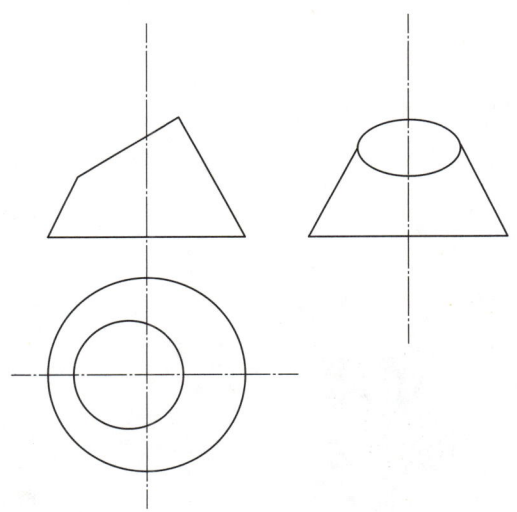

（d）圆锥体的截交线

图 6.3.8　绘制圆锥体的截交线

6.3.3.3 圆锥体的截切类型

截平面与圆锥体相对位置发生改变时,将带来不同的截切方式及截交线,见表 6.3.2。其中,θ 表示截平面与圆锥轴线的夹角,ϕ 表示圆锥的锥角。

(1)当截平面垂直于轴线时,即 $\theta = 90°$ 时,截交线是一个圆。

(2)当截平面倾斜于轴线,且 $\theta > \phi$ 时,截交线是一个椭圆。

(3)当截平面倾斜于轴线,且 $\theta = \phi$ 时,截交线是一条抛物线。

(4)当截平面倾斜于轴线,且 $\theta < \phi$ 时;或者截平面平行于轴线,且 $\theta = \phi$ 时,截交线是一个双曲线。

(5)当截平面通过锥顶,即 $0 < \theta < \phi$ 时,截交线是两条相交直线。

表 6.3.2 圆锥体的截切类型

位置	截面垂直于轴线 ($\theta = 90°$)	截面倾斜于轴线 ($\theta > \phi$)	截面倾斜于轴线 ($\theta = \phi$)	截面倾斜于轴线 ($\theta < \phi$) 或平行于轴线 ($\theta = \phi$)	截面通过锥顶 ($0 < \theta < \phi$)
性质	圆	椭圆	抛物线	双曲线	两条相交直线
立体图					
投影图					

6.3.4 球体的截切

6.3.4.1 球体截切的造型文法

俄罗斯设计师玛雅·普罗霍罗娃(Maya Prokhorova)PHASE 8 音响作品(图 6.3.9)采用了宛如月球造型的球形音响创意设计,带给使用者别样的视听感受。在这套系统中,设计者通过整体结构的巧妙构思和细节的精

图 6.3.9 PHASE 8 音响作品中的截切

心处理，使产品的功能与美感完美结合。通过球体的不同截切形式，形成不同的截切面，从而实现了两种不同的空间状态，即墙面放置与地面放置。此外，设计者还通过截切来进行功能分区，在塑造丰富曲线的同时，使产品拥有多样的功能键和相关的功能区域。

同样，在Crazybaby公司推出的便携式扬声器Luna（图6.3.10）中，截切对其产品外观塑造起到了至关重要的作用。它将扬声器、LED导光组件、圆顶和环形装饰物完美地融合在一起，提供了卓越的音频体验。

图6.3.10　Crazybaby公司设计的便携式扬声器Luna

6.3.4.2　绘制球体的截交线

已知半球体被水平面和侧平面截切，其正面投影如图6.3.11所示，求其水平投影和侧面投影的步骤如下：

（1）空间及投影分析。分析可得，水平面截切半球产生的截交线为一段圆弧，其水平投影反映实形，侧面投影积聚为一条直线；侧平面截切半球的情况与水平面截切半球相同；两截平面的交线为正垂线。

（2）求水平截面与半球的截交线投影。如图6.3.12（a）所示，首先作出截切前半球体的侧面投影和水平投影。选取正面投影中的1′、2′、3′、4′和5′等特殊点，根据纬圆法，以R_1为半径，以水平投影中的点o为圆心画圆，交2′和3′的投影线于点2和3，即得截交线的部分水平投影2-1-3；过1′作水平线，求得侧面投影4″和5″，再根据点的投影规律，求得点1″、2″和3″，其中线段4″5″是截交线的侧面投影。

图6.3.11　球体的截交线

（3）求侧平截面与半球的截交线投影。如图6.3.12（b）所示，找到正面投影中截交线最上方的点6′，根据点的投影特性求得侧面投影6″。根据纬圆法，以R_2为半径，以侧面投影中的点o″为圆心画半圆，交线段4″5″于点2″和3″，即可求得截交线的侧面投影4″–6″–5″。连接水平投影中的点2和3，求得截交线的部分水平投影。

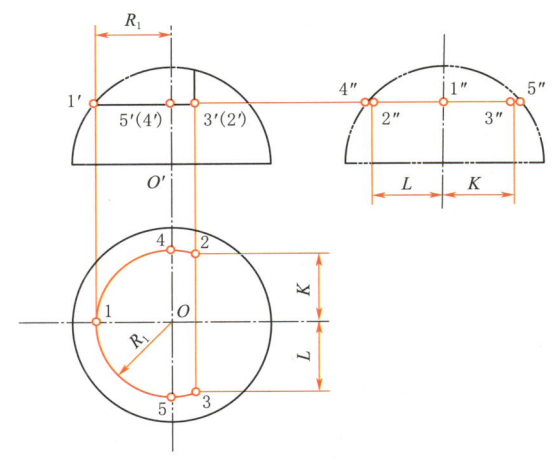

（a）求水平截面与半球的截交线投影

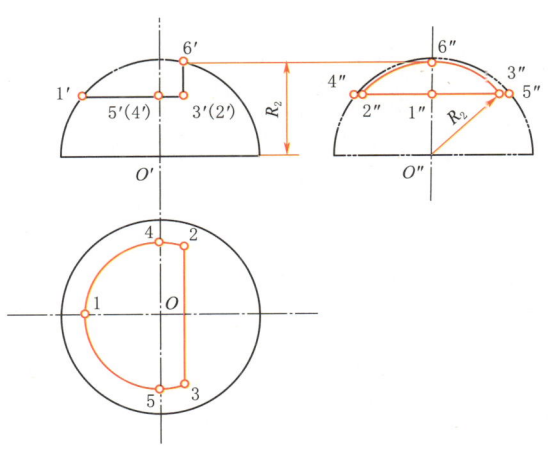

（b）求侧平截面与半球的截交线投影

图6.3.12　绘制球体的截交线

6.3课件（三）

(4)连线。依次连接点 2、点 4、点 1、点 5、点 3、点 2,再依次连接点 6″、点 2″、点 1″、点 3″、点 6″。

(5)判别可见性。分清线条在各投影中的可见性。

(6)补全轮廓线。最终结果如图 6.3.11 所示。

6.3.4.3 球体的截切类型

如图 6.3.13 所示,当截平面与球体的相对位置不同时,平面截切球体所得的截交线形状也不同。

(1)当截平面平行于投影面时,截交线的性质是圆,其水平投影为圆。

(2)当截平面倾斜于投影面时,截交线的性质也是圆,但其水平投影为圆的近似形。

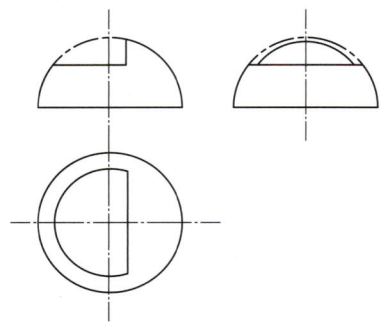

图 6.3.13 最终效果

表 6.3.3 球 体 的 截 切 类 型

位置	截面平行于投影面	截面倾斜于投影面
性质	圆	圆
立体图		
投影图		

6.4 立体截切的进阶

此前,我们已经学习了立体的基本截切方法。在实际的形态表达过程中,我们将面临更复杂的空间几何要素关系。本节将通过立体截切的进阶内容,帮助加深对立体截切投影规律的认识。

6.4.1 平面立体截切进阶

如图 6.4.1 所示,已知切口三棱锥的正面投影,求其水平投影和侧面投影的步骤如下。

(1)空间及投影分析。分析可得,两个截平面对一个三棱锥进行截切,圆锥轴线垂直于 H 面,截平面 P 和 Q 为正垂面,其中正垂面 Q 平行

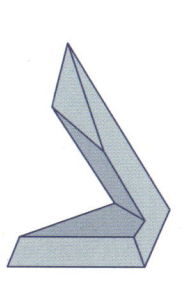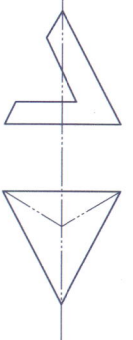

图 6.4.1 切口三棱锥

于 H 面。因此，截交线的正面投影与截平面的正面投影重合，积聚为直线。

（2）作出截切前三棱锥的水平投影和侧面投影。三棱锥的水平投影已知，其侧面投影为三角形。

（3）求特殊点。如图 6.4.2 所示，求特殊点的步骤如下：

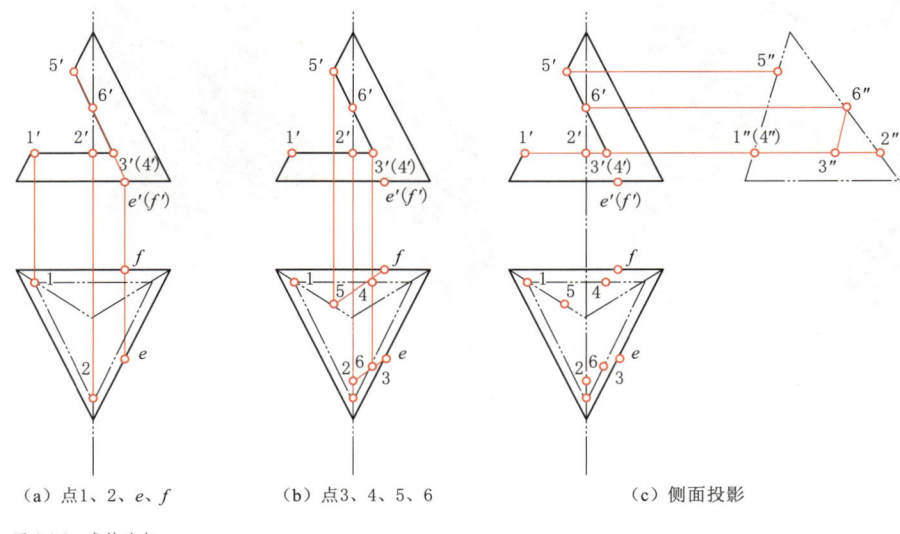

图 6.4.2 求特殊点

1）利用表面取点法，如图 6.4.2（a）中所示，选取正面投影中的 1′、2′、3′、4′、5′ 和 6′ 这几个特殊点。根据点的投影特性可得 1′ 和 2′ 的水平投影 1 和 2；延长 5′ 和 6′ 得交点为 e′ 和（f′），水平投影 e 和 f。

2）如图 6.4.2（b），同理，得（4′）和 5′ 的水平投影 4 和 5；根据 5f∥e6，可得水平投影 6 和 3。

3）如图 6.4.2（c）所示，侧面投影中可看到 1″、2″、4″、5″ 和 6″，又由于 6″3″ 平行于棱，可得 3″ 的投影。

（4）连线。如图 6.4.3（a）所示，依次连线，得到截交线的水平投影和侧面投影。

（5）判别可见性。如图 6.4.3（b）所示。

（6）整理轮廓线。最终效果如图 6.4.3（c）所示。

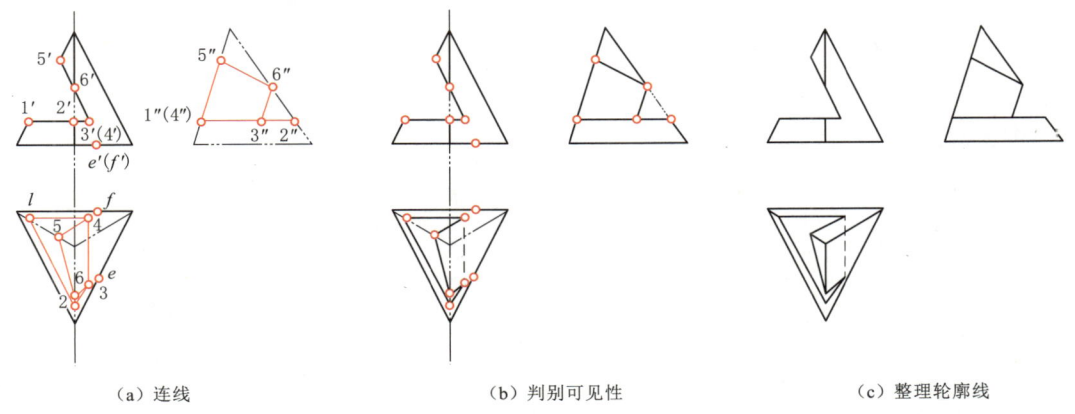

图 6.4.3 绘制切口三棱锥的截交线

与之前一次截切相比较，我们会发现上述示例中的形体关系更为复杂。在产品造型中，平面立体截切应用更加灵活多变（图 6.4.4），并衍生出很多创意性的设计。

6.4.1 课件

图 6.4.4 平面立体截切在产品中的应用

6.4.2 曲面立体截切进阶

如图 6.4.5 所示,已知带缺口圆锥的正面投影,求其水平投影和侧面投影的步骤如下:

(1)空间及投影分析。分析可得,三个截平面对一个圆锥进行截切,圆锥轴线垂直于 H 面,截平面 P 和 Q 为正垂面,其中正垂面 Q 延伸后过锥顶。因此,截交线的正面投影与截平面的正面投影重合,积聚为直线。

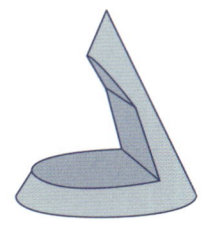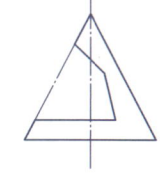

图 6.4.5 切口圆锥的截切

(2)求截切前圆锥的水平投影和侧面投影。圆锥的水平投影为圆,其侧面投影为三角形。

(3)求特殊点。如图 6.4.6 所示,利用表面取点法,选取正面投影 1′、3′、(4′)、6′、7′、8′、(9′)和(10′)这几个特殊点;根据点的投影特性,可得 1′和 6′的水平投影 1 和 6 和侧面投影 1″和 6″;根据纬圆法,可得 7′和(10′)的水平投影 7 和 10 和侧面投影 7″和 10″;根据素线法可得 3′、(4′)、8′和(9′)的水平投影 3、4、8 和 9;根据点的投影特性,可得 3′、(4′)、8′和(9′)的侧面投影 3″、4″、8″和 9″。

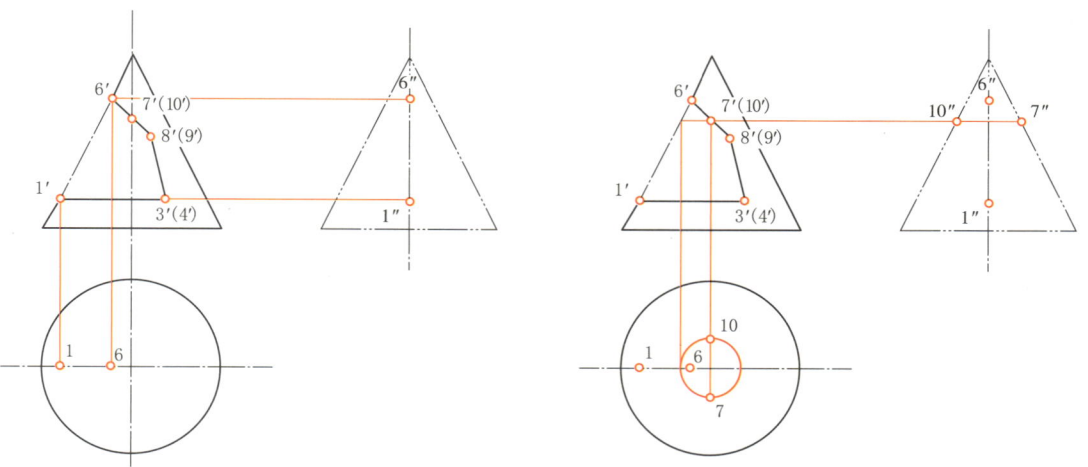

图 6.4.6 求特殊点的投影

（4）求一般点。如图 6.4.7 所示，利用表面取点法，在截平面 R 截交线相邻的两特殊点中间各求一个一般点，在此选取正面投影中的 2′ 和（5′）两个一般点；根据纬圆法可得 2′ 和（5′）的水平投影 2 和 5；根据点的投影特性可得 2′ 和（5′）的侧面投影 2″ 和 5″。

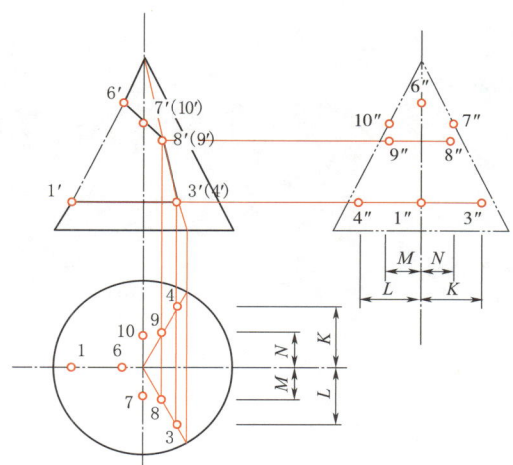
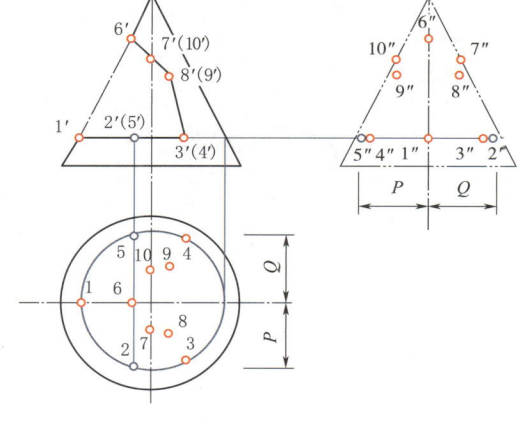

图 6.4.7　求一般点的投影

（5）连线。依次光滑连线，得到截交线的水平投影和侧面投影。

（6）判别可见性，整理轮廓线。最终如图 6.4.8 所示。

在实际设计中，我们可以看到大量的曲面立体截切应用。如图 6.4.9 所示，这把锥形椅是一个很好的示例。我们可以将它理解为一个倒立的圆锥通过截切形成的坐面和靠背。此外，产品设计中曲面立体截切有着丰富的应用前景（图 6.4.10）。

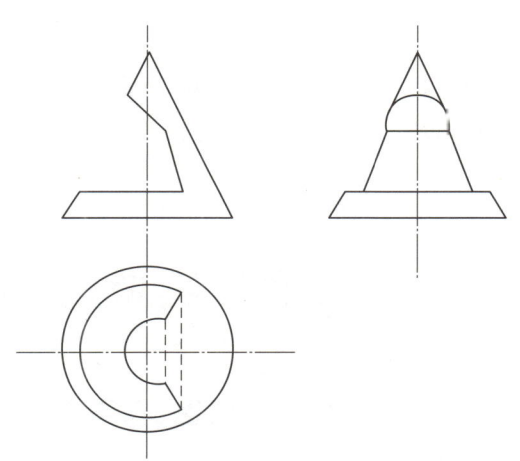

图 6.4.8　圆锥的进阶截切

6.4.2 课件

图 6.4.9　维纳尔·潘顿设计的锥形椅

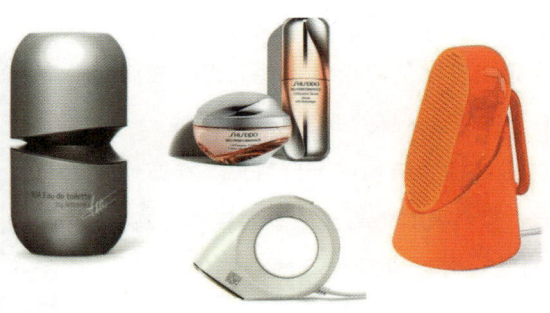

图 6.4.10　曲面立体截切在产品中的应用

第7章 立体的相贯

知识要点：■ 掌握立体相贯的投影规律及作图。
　　　　　■ 了解立体相贯在设计中的应用。
能力目标：在立体相贯方面，培养运用图学思维观察、理解和解构事物的形象思维能力。
思政目标：以传统榫卯为切入点，展现中国传统造物精粹，培养文化自信。

7.1 立体的相贯及其造型的文法

7.1.1 随处可见的立体相贯

立体相贯在生活中随处可见，我们可以通过以下几个示例初步认识这一现象。

门把手是日常会频繁接触和使用的物品（图7.1.1），仔细观察可见，门把手上可旋转部分有一条闭合的曲线，它是由把手的组合体构件与固定在门上的圆台穿插而产生的，这样的曲线称为相贯线。

相贯在中国传统榫卯结构中十分常见。榫卯作为中国传统建筑、家具及其他器械的重要结构方式，其中不同构件的结合可以理解为不同立体的相贯。图 7.1.2 左图是中国古建筑的结构：斗拱，我们从中可以看到部件之间的结合，即相贯；而右图展示了鲁班锁中三个部件的结合，在形体表面产生新的线，即相贯线。

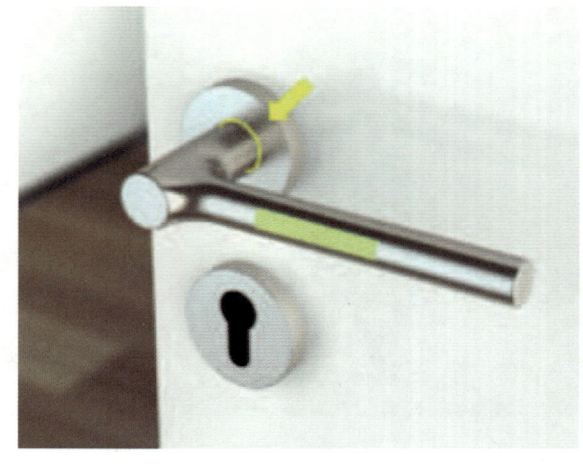

图 7.1.1　门把手中的相贯

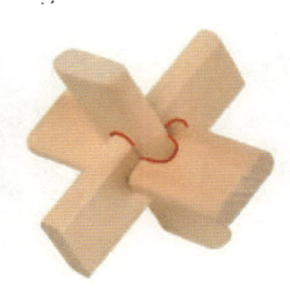

图 7.1.2　榫卯结构中的相贯

当传统建筑与现代建筑相碰撞时（图 7.1.3），形成了立体相贯，这其中既有强烈的对比，又有和谐的融合，给观者带来视觉上的冲击。两个建筑融合的部分出现了新的空间线，即相贯线。在航空返回舱（图 7.1.4）上，我们也可以看到两个回转体相贯而产生的相贯线。

图 7.1.3　建筑中的相贯　　　　　图 7.1.4　航空舱

通过以上几个示例的学习，我们了解到，相贯在生活和生产的场景中随处可见。此外，在机械加工中，相贯线的应用意义重大。如图 7.1.5 所示，这是一个公共坐具及其产品三视图。两个圆柱体部件是否可以组装到一起，取决于部件上相贯线加工的精准度。

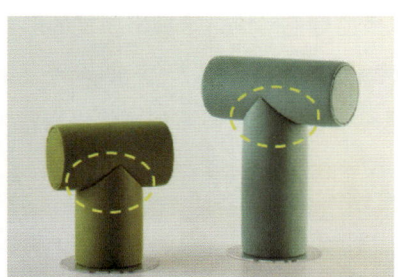
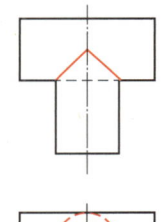
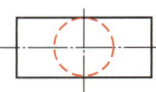

图 7.1.5　公共坐具

7.1.2　相贯线

7.1.2.1　相贯的概念

不同立体相交也称立体相贯，这样的立体称为相贯体。立体的组合形式有很多种，因此相贯形式也有很多种。它既可以是两圆柱相贯，也可以是圆台与圆柱相贯，甚至是三个不同的立体相贯（图 7.1.6）。

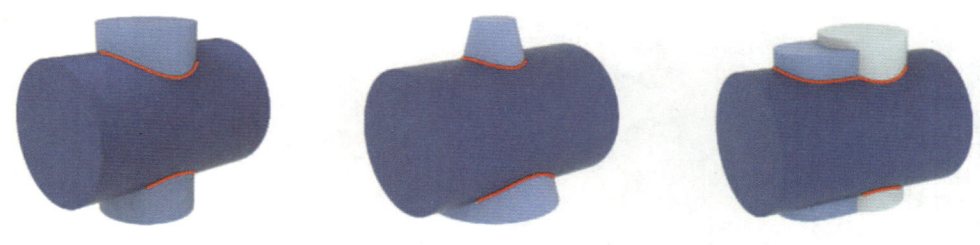

图 7.1.6 立体相贯

两立体相贯产生的交线称为相贯线。从图中可以看到，不同的相贯形式和不同的相贯立体都会影响相贯线的形状，因此相贯线往往十分复杂。

7.1.2.2 相贯线的特性

在产品设计中，相贯线可以理解为造型物体各面之间或各个分形体之间的直接过渡，它是由一个面到另外一个面或由一个形体到另外一个形体之间的直接转换。为了更好地表达相贯线的形状，我们需要研究相贯线具有的特性：

（1）表面性。相贯线是立体表面上产生的线。

（2）封闭性。相贯线通常情况下是一条封闭的空间曲线。

（3）共有性。相贯线是两立体相交产生的，同时属于两个立体。

图 7.1.7 相贯线的特性

7.1.3 相贯的造型文法

相贯可以融合不同立体，创造具有关联性的空间形式。

以菲利普·斯塔克（Philippe Starck）设计的水壶为例（图 7.1.8），其产品的造型可以理解为两个不同立体的相贯：一个是子弹形的壶身部分，另一个是类圆台的壶柄和壶嘴部分。这两个基本体通过相贯的形式组合形成了这个产品。同时，设计者通过银色与蓝绿色的颜色对比，来突出相贯的形式。

以卡尔·赞恩（Karl Zahn）设计的 Atlas 灯具为例（图 7.1.9），其产品的造型由球体与方体相贯形成，在相贯部分产生了新的空间线，即相贯线。它同时存在于球体表面和方体表面，体现了相贯线的共有性。在产品形态的表达中，相贯既融合了原本的两个单体，又产生了新的形式。

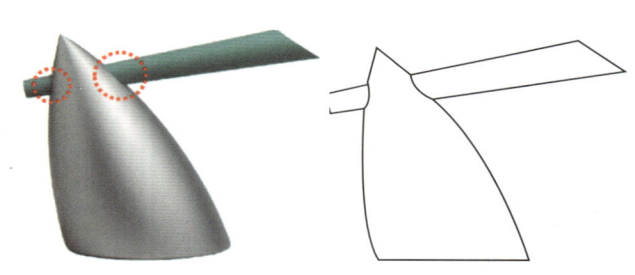

图 7.1.8 水壶产品中的相贯

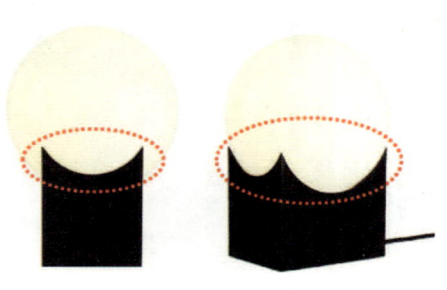

图 7.1.9 Atlas 灯具产品中的相贯

此外，在很多产品的按钮设计中，我们都可以发现相贯线的痕迹。这样的细节设计表明，相贯为产品形态设计带来丰富的效果（图 7.1.10）。

通过组合基本立体的相贯，可以协调分布产品的功能区块。

让我们关注产品的功能。图 7.1.11 展示了一款投影仪，从图中可以看到它由圆柱体和方体相贯而成。其中，圆柱体用于包裹摄像头，方体则用于布置机箱。从右侧的俯视图中，可以清晰地看到相贯线对产品功能的划分和明确。

至此，我们已经学习了点、线、面和体的投影规律与作图方法，并从图学的视角重新认识了这些几何元素的知识。在学习相贯线这一节后。大家是否能够以全新的视角去理解生活中物体的形态？生活中的事物有很多，当我们以新的视角去观察时，往往能带来新的灵感。希望大家能从生活中发现更多相贯线的形式，并将其运用到产品设计中。

图 7.1.10　按钮中的相贯

 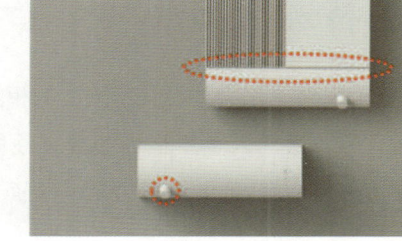

图 7.1.11　投影仪中的相贯

7.2　相贯立体分类和相贯线的特殊情况

7.2.1　相贯立体的分类

如图 7.2.1（a）所示，当一形体的全部棱线或素线均穿过另一形体时，称为全贯，此时通常存在两条封闭交线；如图 7.2.1（b）所示，当两形体均仅有一部分参与相贯时，称为互贯，通常只存在一条封闭交线。

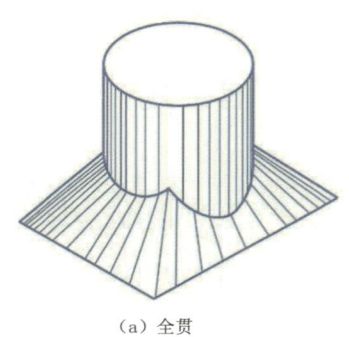 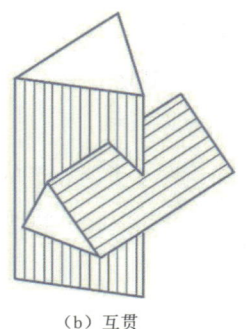

（a）全贯　　　　　　　　　　　　　　（b）互贯

图 7.2.1　两物体相贯

微课视频

相贯立体分类和相贯线的特殊情况

7.2 课件

此外，如图 7.2.2 所示，由于形体表面性质不同，相贯线的特征及求法也不同。因此，相贯可以分为两平面立体相贯、平面立体与曲面立体相贯和两曲面立体相贯三种类型。

因此，相贯线的形式是多变的。

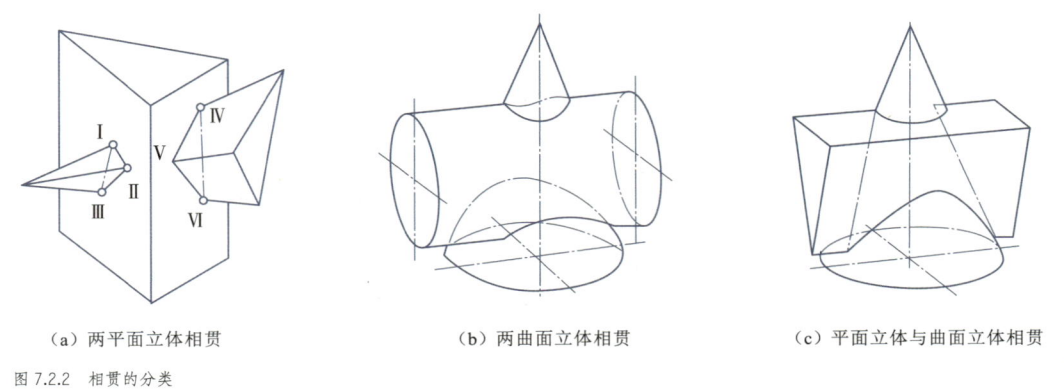

（a）两平面立体相贯　　　　（b）两曲面立体相贯　　　　（c）平面立体与曲面立体相贯

图 7.2.2　相贯的分类

7.2.2　相贯线的特殊情况

如前所述，在通常情况下，两个回转体相贯所产生的相贯线为空间曲线。

然而，在特殊情况下，相贯线可能为平面曲线或直线段。这些特殊情况通常可根据两相贯回转体的性质、大小及相对位置直接作出判断，从而简化作图过程。下面介绍三种工程中较常见的相贯线为平面曲线的特殊情况，如图 7.2.3 所示。

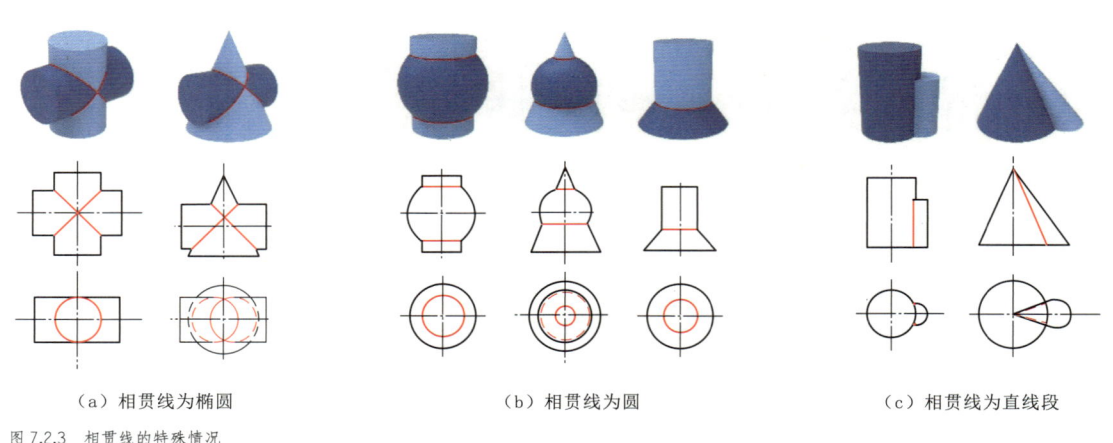

（a）相贯线为椭圆　　　　（b）相贯线为圆　　　　（c）相贯线为直线段

图 7.2.3　相贯线的特殊情况

7.2.2.1　相贯线为椭圆

当两个回转体（如圆柱和圆锥等）相切于同一球面时，其相贯线为两个椭圆，且椭圆所在面与两轴线所确定的平面相互垂直。

如图 7.2.3（a）所示，当两个直径相等的圆柱正交且外切于同一球面时，其相贯线为两个大小相同的椭圆；当外切于同一球面的圆柱与圆锥正交时，其相贯线为两个大小相同的椭圆。在以上两个图例中，两个回转体的两条轴线所确定的平面均平行于 V 面，且椭圆所在的平面均垂直于 V 面，因此它们的正面投影均积聚成直线段。

7.2.2.2　相贯线为圆

当两个回转体共轴线时，它们的相贯线为垂直于轴线的圆，若它们的轴线与投影面垂直，则相贯线平行于投影面。根据投影规律，相贯线在该投影面上的投影反映实形，而在其他两个投影面的投影则积聚为与轴线垂直的直线段。图7.2.3（b）中展示了三种轴线为铅垂线的同轴回转体相贯的投影图，它们的相贯线均为圆，其水平投影反映实形，正面投影为直线段。

7.2.2.3 相贯线为直线段

如图7.2.3（c）所示，当两圆锥共顶或两圆柱的轴线平行时，它们的相贯线为直线。

7.2.3 立体大小对相贯线的影响

从图7.2.4可以发现，在这三种情况中，它们的相贯体均为圆柱体，不同之处在于圆柱体的半径大小不同，导致相贯线的形态也有所不同。

观察图7.2.4（a），我们可以看到这两组相贯体均由两个不等大的圆柱体组成，其中圆柱体的半径大小不同。从投影图中可以发现，相贯线的投影会出现在直径较大的圆柱体上。

因此，我们可以得出以下结论：**当两相贯体大小不等时，投影凸向较大立体的直线。**

观察图7.2.4（b），当两个圆柱体的半径相等时，相贯线在实际空间中分别为两个椭圆，其投影为两个交叉的直线段，这是一种特殊的情况，即两圆柱共球面。

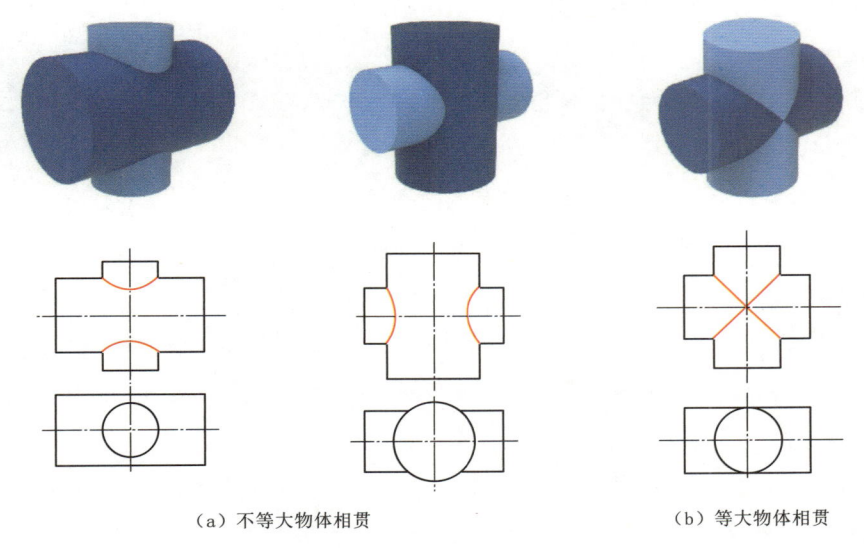

（a）不等大物体相贯　　　　　　（b）等大物体相贯

图 7.2.4　立体大小对相贯线的影响

因此，我们可以得出以下结论：**当两相贯体大小相等时，投影为直线。**

当相贯的基本立体类型相同但大小不同时，会使我们对产品产生不同的认识。

以戴森品牌旗下的不同产品为例（图7.2.5），图中的三个产品均由一个回转体和一个圆柱体相贯而成，由于回转体与圆柱体相对大小不同，产品呈现出不同的外观气质。

以灯具为例（图7.2.6），我们可以将其理解为一个方体和一个球体相贯。通过观察它的主视图和侧视图可以发现，方体长宽的变化影响了相贯线的大小，设计师巧妙地利用相贯中单一形体尺度的变化来塑造产品的造型。

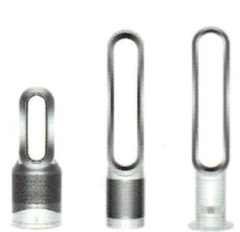

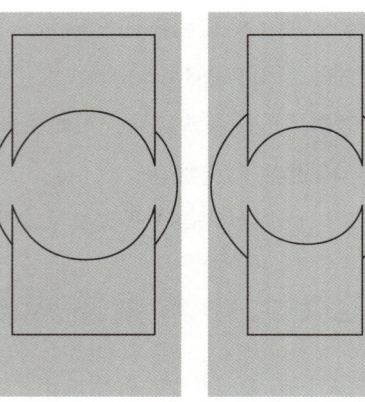

图 7.2.5　回转体与圆柱体相贯　　　图 7.2.6　方体与球体相贯

7.3　两曲面立体相贯

7.3.1　绘制曲面立体的相贯线

绘制相贯线之前，我们需要明确求相贯线的实质是：找出相贯的两立体表面上若干点的投影。

如图 7.3.1 所示，已知两正交相贯圆柱，求该相贯体的投影的步骤如下：

（1）空间及投影分析。分析可得，这是两个直径不等的圆柱相贯，其中它们的轴线垂直相交，小圆柱完全穿入大圆柱，相贯线是一条封闭的空间曲线。

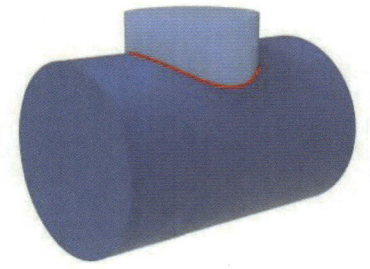

图 7.3.1　曲面立体相贯

（2）求水平投影与侧面投影。观察图 7.3.2（a），从俯视图看，小圆柱的水平投影是一个圆，根据投影的积聚性可得相贯线在该圆上；根据投影的积聚性与相贯线的共有性可得，相贯线一定是在两立体的共有区域内，因此侧面投影是圆上的一段弧。

（3）求正面投影。如图 7.3.2（b），利用表面取点法，选取侧面投影中相贯线的最高点和最低点，根据"高平齐"投影规律，可求得其正面投影。在侧面的弧上任取两个一般点，根据"宽相等"投影规律，可得水平投影

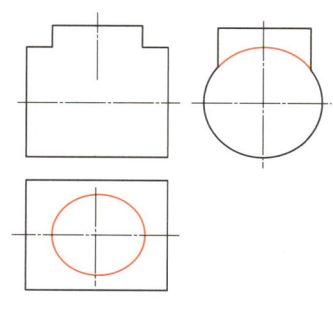
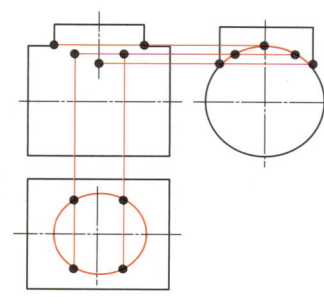
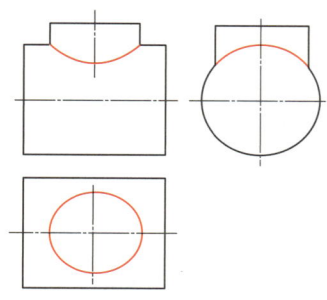

（a）求水平投影与侧面投影　　　　　（b）求正面投影　　　　　（c）最终效果

图 7.3.2　绘制曲面立体的相贯线

是前后对称的四个点；再根据"长对正，高平齐"规律，可得正面投影。

（4）连线，判别可见性，整理轮廓线。曲面立体的相贯线如图7.3.2（c）所示。

7.3.2 曲面立体相贯的造型文法

在产品设计中，曲面立体相贯的应用十分普遍（图7.3.3）。仔细观察并理解曲面立体相贯在这些产品中产生的作用，可以发现相贯的使用不仅可以给产品形态带来新的改变，还可以连接与过渡产品的各部件及功能。除此之外，曲面立体相贯的出现为产品的动态使用方式提供了路径。

图7.3.3 曲面立体相贯的应用

7.4 两平面立体相贯

7.4.1 绘制平面立体的相贯线

如图7.4.1所示，已知两三棱柱贯穿，则补全其投影的步骤如下：

（1）空间及投影分析。竖直放置的三棱柱ABC各棱面垂直于H面，其水平投影具有积聚性；水平放置的三棱柱DEF各棱面垂直于W面，其侧面投影具有积聚性。根据相贯线与棱面的从属性，如图7.4.2（a）所示，相贯线的水平投影与三棱柱ABC的水平投影重合，其侧面投影与三棱柱DEF的侧面投影重合。

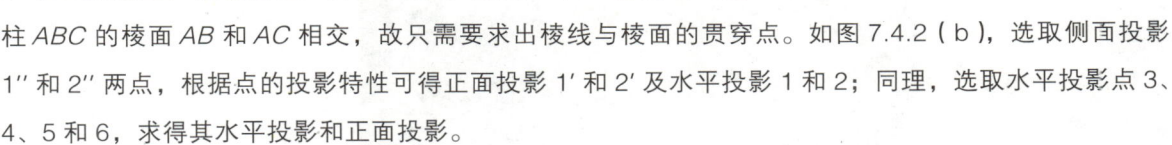

图7.4.1 平面立体相贯

（2）求正面投影。棱线B和C与棱线F均未参与相交，棱线A与三棱柱DEF的棱面DF和EF相交，棱线D和E分别与三棱柱ABC的棱面AB和AC相交，故只需要求出棱线与棱面的贯穿点。如图7.4.2（b），选取侧面投影1″和2″两点，根据点的投影特性可得正面投影1′和2′及水平投影1和2；同理，选取水平投影点3、4、5和6，求得其水平投影和正面投影。

（3）连线，判别可见性，整理轮廓。将求得的贯穿点的正面投影按照1—3—5—2—6—4—1的顺序依次连接，完整的三视图如图7.4.2（c）所示。

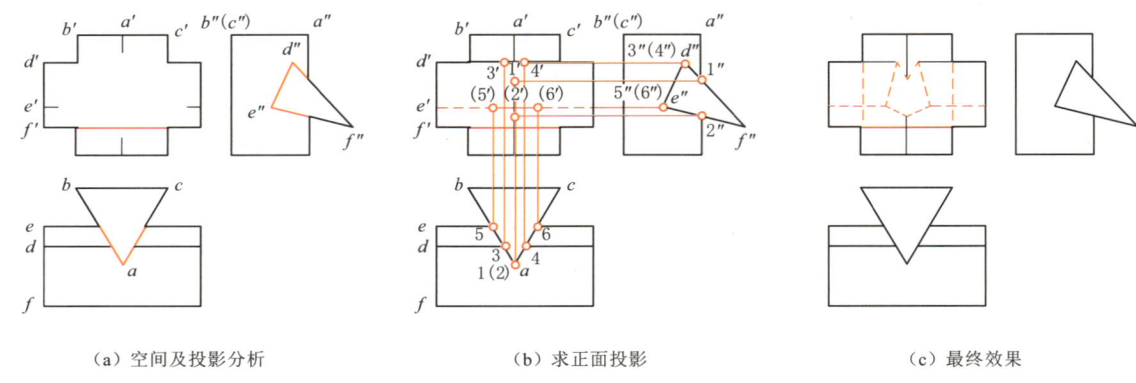

（a）空间及投影分析　　　　　　（b）求正面投影　　　　　　（c）最终效果

图 7.4.2　绘制平面立体的相贯线

7.4.2　平面立体相贯的造型文法

受制于材料表达的形式，我们经常可以在一些家居产品与机械产品中观察到平面立体相贯的应用（图 7.4.3）。特别是在产品结构细节中（图 7.4.4），相贯为产品细节表达带来丰富的遐想。

图 7.4.3　产品中平面立体相贯的应用

图 7.4.4　平面立体相贯的细节

7.5 平面立体与曲面立体相贯

7.5.1 绘制平面立体与曲面立体的相贯线

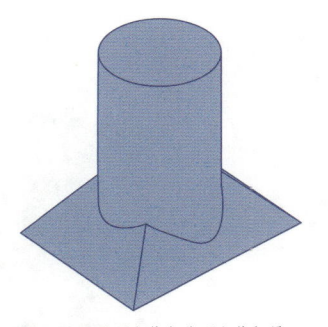

图7.5.1 平面立体与曲面立体相贯

如图7.5.1所示，已知圆柱与四棱锥相贯，则求得其投影的步骤如下：

（1）空间及投影分析。经分析可得，圆柱与四棱锥完全相贯，相贯线仅有一条。由水平投影图可知，圆柱面的水平投影具有积聚性，则贯穿线的水平投影与圆柱面水平投影重合，仅需要求作贯穿线的正面及侧面投影即可。贯穿体前后和左右对称，前后棱面与圆柱面之间交线的正面投影重合，侧面投影积聚为直线；左右棱面与圆柱面的交线侧面投影重合，正面投影积聚为直线。

（2）求特殊点。选取侧面投影1″、水平投影2及正面投影3′、4′和（5′）。根据点的投影特性可得正面投影1′和2′，侧面投影（3″）、4″和5″，如图7.5.2（a）所示。

（3）求一般点。于水平投影中取一点6，过6作辅助线sa，由6对应s'a'可求出6′，再对称作点7′，如图7.5.2（b）所示。

（4）连线。正面投影曲线连接顺序为2′-7′-1′-6′-3′；侧面投影曲线连接顺序为5″-4″-2″，如图7.5.2（c）所示。

（5）判别可见性，整理轮廓。

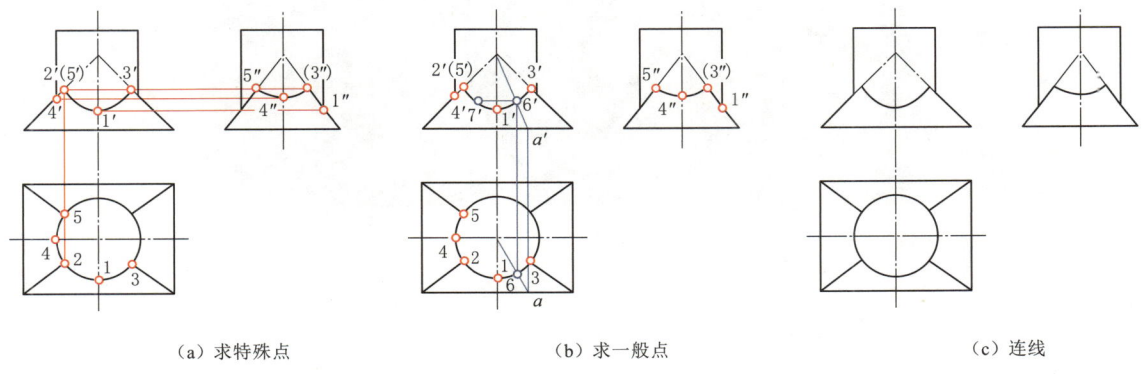

（a）求特殊点　　　　　　　　（b）求一般点　　　　　　　　（c）连线

图7.5.2 平面立体与曲面立体相贯

7.5.2 平面立体与曲面立体相贯的造型文法

在产品中，我们常常能看到两种不同形式的相贯体的相贯现象。无论是从形态细节，还是整体组合，这种形式都频繁出现。如图7.5.3所示，平面立体与曲面立体相贯的应用在产品细节中尤为常见，例如功能按键的分布、零部件的穿插及主要功能键与黑箱的结合等。在深入了解这些案例的基础上，我们是否能将此类形式灵活应用于未来的产品设计之中？当我们观察图 7.5.4 中的桌面板与支撑结构的连接时，是否能联想到类似的细节运用呢？当我们面对真实的零部件结构进行穿插时，是否能由此激发新的结构形式的创新？以上问题，均值得我们深入思考。

图 7.5.3　平面立体与曲面立体相贯在产品中的应用

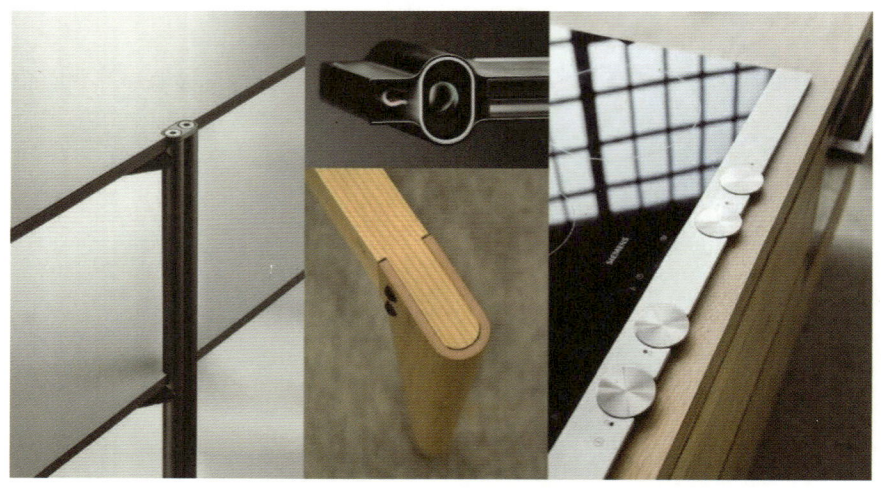

图 7.5.4　平面立体与曲面立体相贯的细节

第8章 组合体

知识要点： ■ 掌握绘制和阅读组合体视图的方法。
　　　　　　 ■ 掌握组合体视图的尺寸标注方法。
能力目标： 在组合体方面，培养运用图学思维观察、理解和解构事物的形象思维能力。
思政目标： 以组合体的视图为切入点，培养学生的辩证思维能力。

8.1 组合体及组合方式

8.1.1 组合体

我们将单一的棱柱、棱锥、圆柱、圆锥、圆环和圆球等立体称为基本形体，将由这些基本形体按照一定方式组合所形成的复杂形体称为组合体。

任何一个物体都可以看作是由基本形体组合所形成的组合体，如图 8.1.1 中的沙发就是一种组合体。

在绘制和阅读组合体的视图时，为了化繁为简、化难为易，我们常采用形体分析法，将组合体看作是由若干基本形体按照某种方式组合而成的。根据基本形体的结构绘制视图，再考虑其组合情况，正确绘制各基本形体表面之间所形成的交线，最终完成作图过程。

图 8.1.1　沙发

微课视频

组合体及组合方式

8.1 课件

8.1.2 组合体的组合方式

组合体的组合方式可分为叠加和切割两大类。

由基本形体堆砌叠合而成的组合体的方式，称为叠加。图 8.1.2（a）中的组合体由矩形板、加强筋板、中空圆柱和梯形板叠等基本形体叠加而成。基本形体经过平面或柱面等切割而形成的组合体的方式，称为切割。图 8.1.2（b）所示的组合体是通过矩形板切去两角，并在中间挖切一个圆孔而形成的。

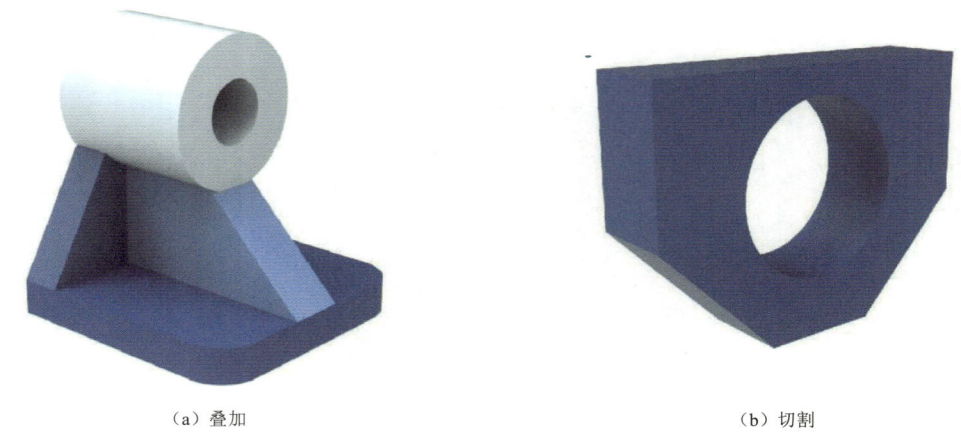

（a）叠加　　　　　　　　　　　　　　（b）切割

图 8.1.2　组合体的组合方式

组合体的各基本形体之间的相对位置不同时，其表面之间会形成不同的连接关系。总体而言，组合类型主要包括叠合、平齐、相切、相交、截切和挖切。

对于叠合，如图 8.1.3（a）所示，两个基本形体重合叠加，且没有平齐的共面，两个基本形体之间有分界线。

对于平齐，如图 8.1.3（b）所示，两个基本形体等宽，左侧面靠齐，从而形成共面，称为平齐。两个基本形体平齐时，它们之间没有分界线。

对于相切，如图 8.1.3（c）所示，半球与圆锥叠加组合，由于半球与圆锥相切，平滑过渡部分没有分界线。

对于相交，如图 8.1.3（d）所示，两个形体相交时，表面会形成交线，称为相贯线，作图时要绘制出相贯线。

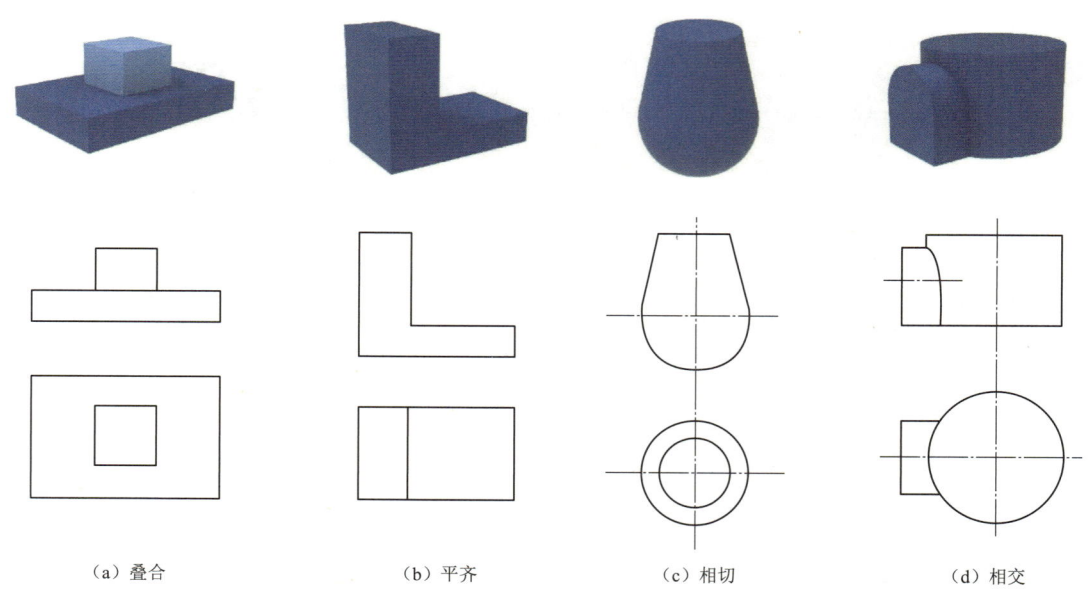

（a）叠合　　　　　（b）平齐　　　　　（c）相切　　　　　（d）相交

图 8.1.3　组合体的组合类型 1

对于截切，如图 8.1.4（a）所示，组合体由矩形板切去两角而形成。

对于挖切，如图 8.1.4（b）所示，四棱柱被柱面挖切，从而形成圆孔。

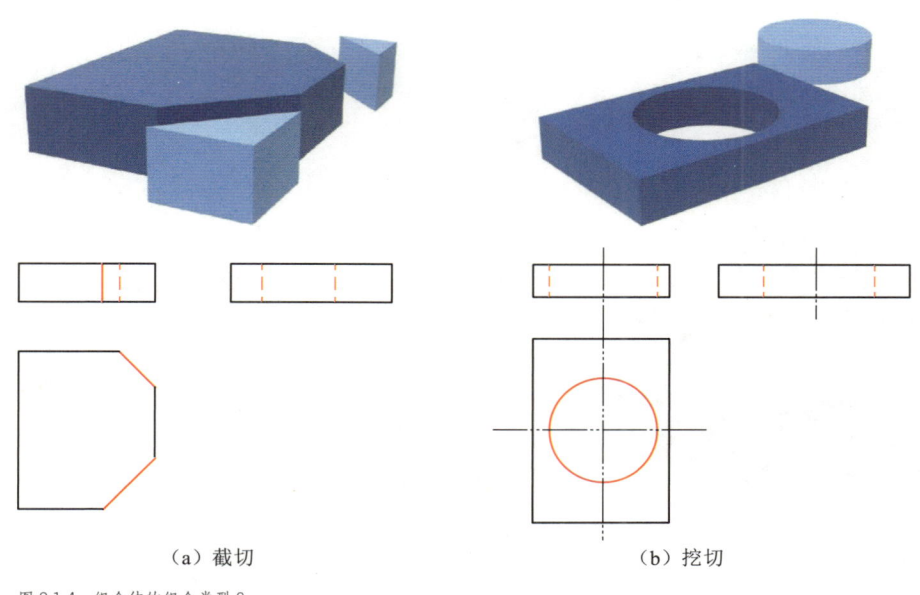

（a）截切　　　　　　　　　　　　（b）挖切

图 8.1.4　组合体的组合类型 2

8.2　组合体视图

8.2.1　组合体视图的画法

绘制组合体的视图时，首先需要弄清组合体的结构形状，在此基础上选取恰当的表达方案，然后绘制各视图。一般而言，绘制组合体视图可以按照形体分析、视图选择和画图三个步骤进行。

8.2.1.1　形体分析

形体分析是将组合体分解为若干基本形体，研究及分析它们的叠加和截切情况，以及基本形体的相对位置，从而形成对组合体完整形状的概念。

8.2.1.2　视图选择

一般而言，视图的选择包括主视图和其他视图的选择。主视图应能反映组合体的结构和形状特征。如图 8.2.1 所示，主视图的选择需遵循符合正常位置和反映形状特征两个原则。

符合正常位置是指视图中物体的位置尽可能符合工程形体或机械零部件在正常状态下或使用条件下的摆放位置或安装位置。可以设想，其正常摆放或安装位置应为底板在下且处于水平位置。

反映形状特征是指主视图投射方向应选择最能反映物体的形状特征的方向。通常情况下，物体上总有反映形状特征

图 8.2.1　主视图选择

最明显的一面，称为**特征面**。显然，应当使物体的特征面朝向主视图的投射方向。如图 8.2.2 所示，前后左右四个方向均可作为主视图的投射方向。经过比较，自前向后的方向最能反映该组合体的形状特征。

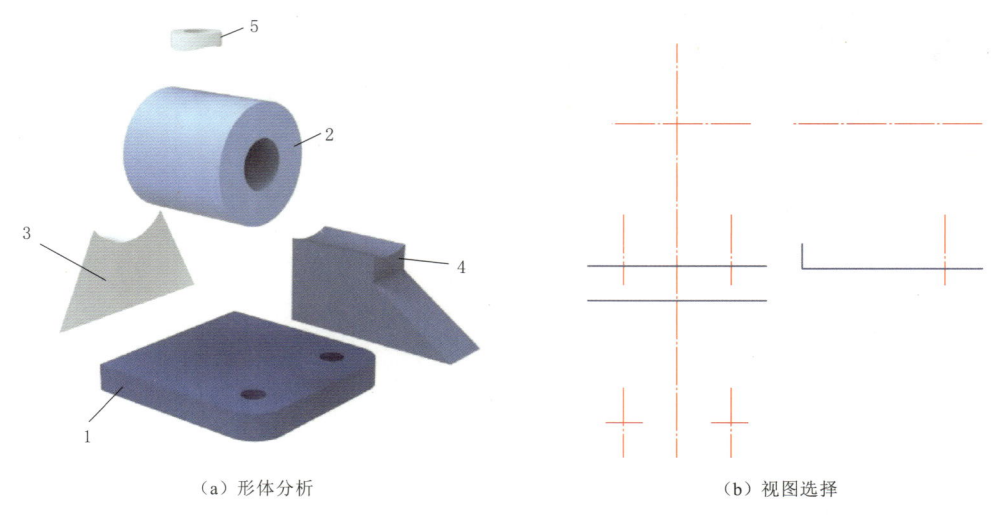

（a）形体分析　　　　　　　　　　　　（b）视图选择

图 8.2.2　绘制轴承座的三视图

1—底板；2—水平圆柱；3—竖板；4—筋板；5—竖直圆台

通常，主视图还不能完整和清晰地表达一个形体的形状，因此需要辅助若干其他视图。选择其他视图时要注意在表达完整和清晰的前提下，视图数量不宜过多；优先选用基本视图，其中俯视图和左视图最为常见；每个视图应至少有一个表达重点。

8.2.1.3　画图

根据组合体尺寸大小及表达方案，选取适当的绘图比例和图幅，并进行布图。布图时，可以绘制出定位各视图的轴线、中心线或重要端面投影线。在具体的绘图过程中，按照形体分析法，逐个绘制出各基本形体的视图，最终形成完整组合体的视图。

以图 8.2.1 中展示的轴承座为例，绘制其视图的步骤如下：

（1）形体分析。如图 8.2.2（a）所示，此组合体可以分解为底板、水平圆柱、竖板、筋板和直立圆台五个基本形体。竖板和筋板叠加在底板上，居中且后侧面平齐；水平圆柱在三者上方，后侧面与竖板平齐，圆柱面与竖板左右侧面相切；直立圆台与水平圆柱叠加相交，中间直立圆孔与水平圆柱的内孔相通；底板左右有直立小孔。

（2）视图选择。如图 8.2.2（b）所示，首先选定右前侧为主视图的方向，其次选择俯视图用以反映底板的长、宽及底板上小孔的定位，同时反映它们左右与前后之间的相对位置；左视图可以更加清晰地反映竖板、筋板及水平圆柱之间的组合连接关系及相对位置。

（3）画图。绘制出主要轴线和定位线。如图 8.2.3 所示，按照底板、带孔圆柱体、竖板、筋板和凸台的顺序分别绘制出三视图。最后，加粗图线，整理轮廓，完成作图，如图 8.2.3（f）所示。

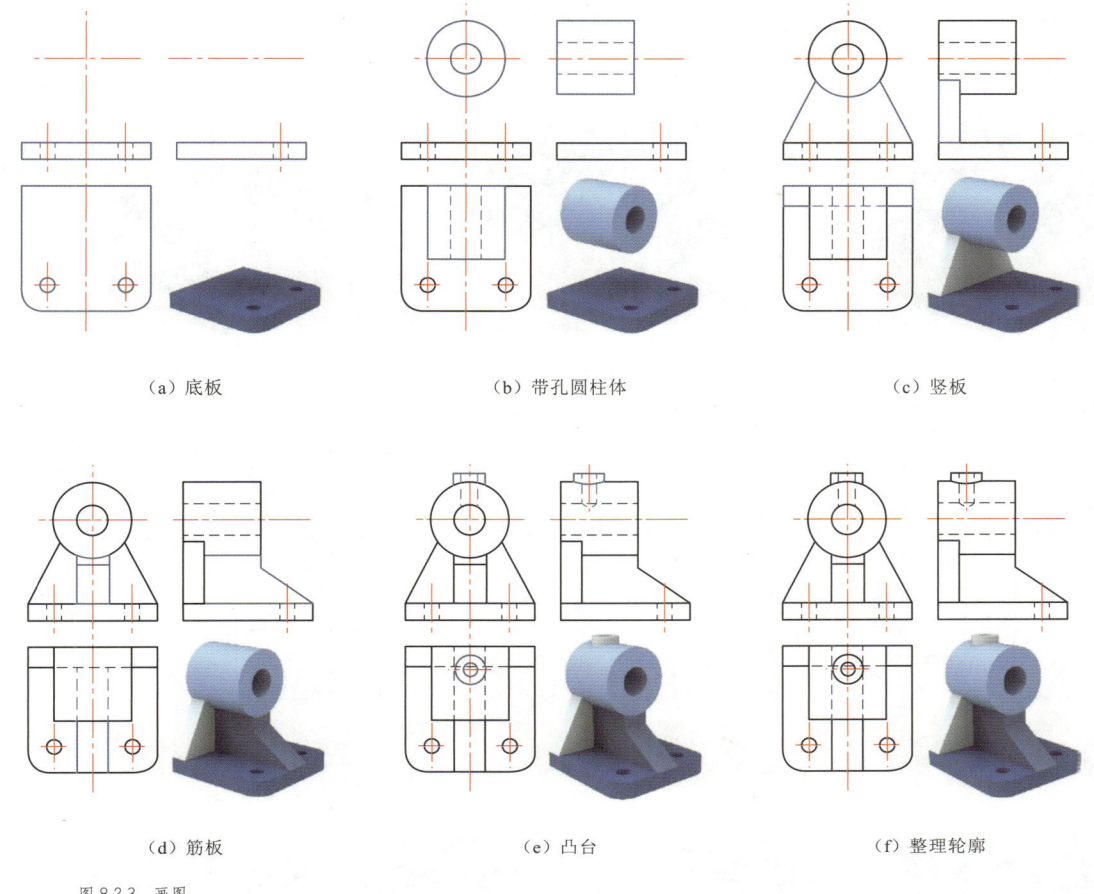

(a) 底板　　(b) 带孔圆柱体　　(c) 竖板

(d) 筋板　　(e) 凸台　　(f) 整理轮廓

图 8.2.3　画图

8.2.2　组合体视图的识读

组合体视图的识读，是指根据点线面体的投影特性以及视图的投影规律，由图形想象及构思出形体的空间形状。

要想正确且快速地读懂视图，想象出形体的空间形状，一方面需要掌握读图的基本要领和方法，另一方面要通过不断的实践，逐步培养提高自己的空间想象力和构思能力。

8.2.2.1　读图的基本要领

1. 将多个视图联系起来读

一个视图仅能反映形体两个方向的尺寸和结构。因此，仅凭一个或两个视图往往无法准确表达一个工程物体的形状。

观察图 8.2.4，三组视图中的主视图完全相同，但实际上它们分别表示了三种不同形状的形体。

同理，如图 8.2.5 所示，四组视图中形体的主视图和俯视图完全一致，因此必须结合左视图一起分析，才能看懂并想象出不同形状的形体。

2. 理解视图中图线和线框的含义

读图是指研究视图中的图线及线框表示的几何意义，进而构思并想象出视图所表达形体的形状。

微课视频

组合体视图的识读

8.2.2 课件

如图8.2.6所示，蓝线可以表示投影面垂直面的积聚性投影，也可以表示面和面交线的投影，还可以表示曲面转向轮廓素线的投影。

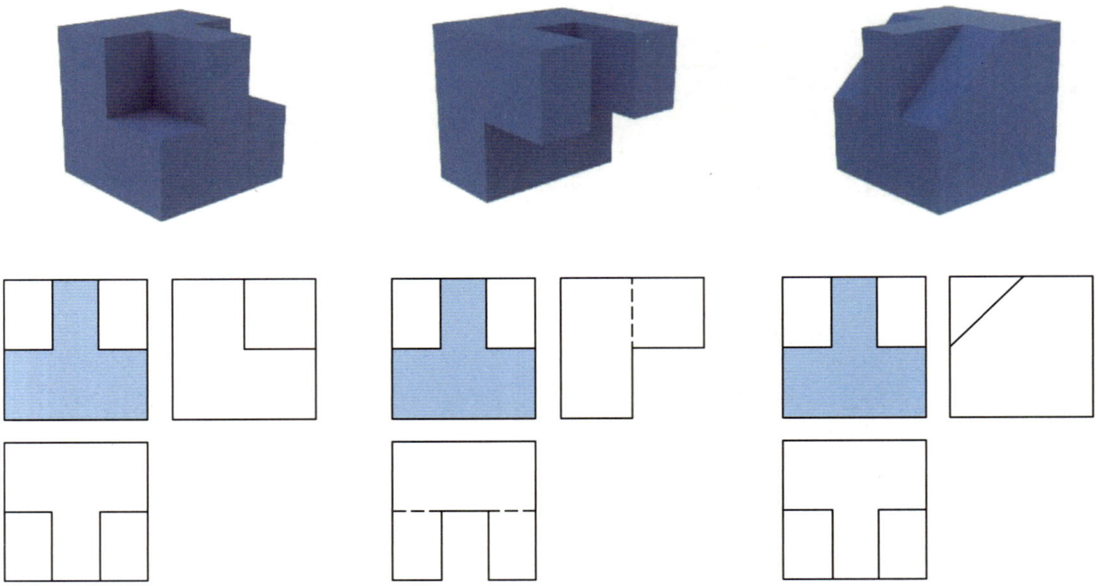

图8.2.4 主视图一致

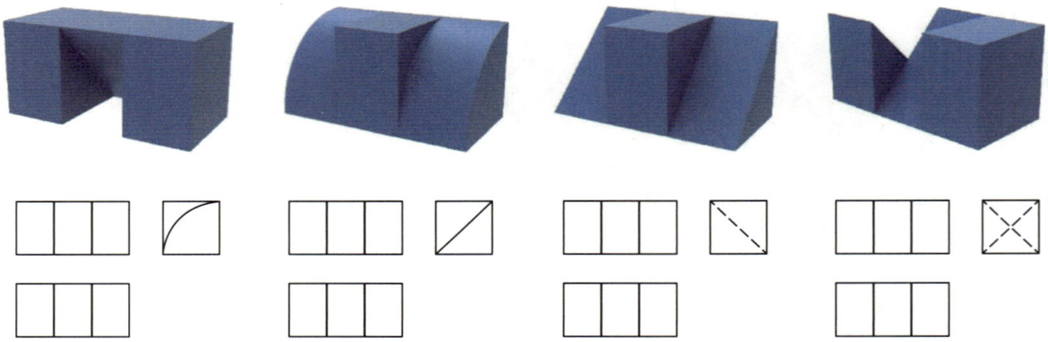

图8.2.5 主视图与俯视图一致

观察图8.2.7，在图（a）、（b）和（d）中，正视图中的1'代表侧平面1的积聚投影；在图（c）中，1'代表回转曲面转向轮廓线1的投影。此外，图线2'在四张图中均表示转折面的投影。

对于视图中的封闭线框来说，它既可以是平面的投影，也可以是曲面的投影，还可以是曲面及与之相切的平面的投影。

以图8.2.7为例，正投影图中的线框 a' 在图（a）、（b）和（d）中分别对应侧垂面、铅垂面和正垂面的投影，而在图（c）中，线框 a' 则代表曲面的投影。

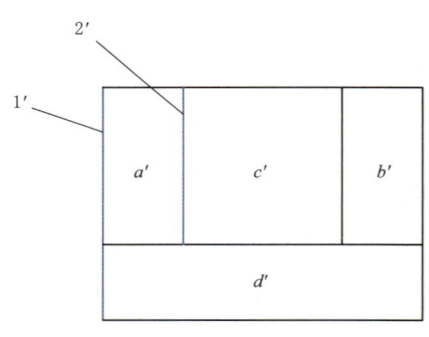

图8.2.6 正投影图

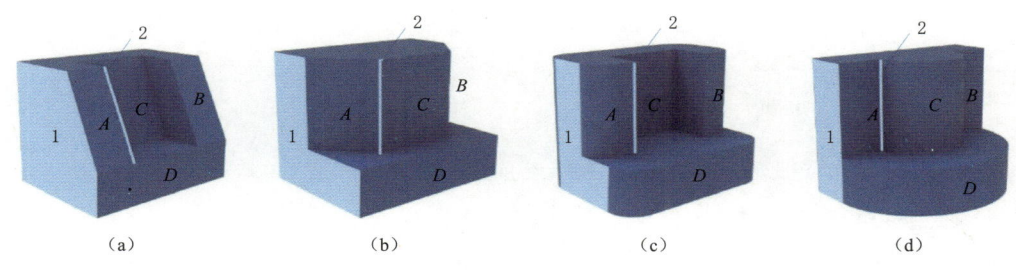

图 8.2.7　图线和线框的含义

8.2.2.2　读图的基本方法

读图的基本方法包括形体分析法和线面分析法两种。

（1）形体分析法。通常从主视图入手，首先对组合体进行形体分析；然后根据投影规律，按照线框分别找出它们在其他视图上的投影，分析其投影关系，想象出各部分的形状；最后根据形体投影在视图上的位置，确定各组成部分的相对位置，构思出形体的整体形状。

（2）线面分析法。线面分析法是通过对构成视图的图线和封闭线框进行分析，以此想象形体的空间形状。

8.2.3　组合体视图的尺寸标注

视图仅能表示组合体的形状，各形体的真实大小及其相对位置需要通过尺寸来确定。

8.2.3.1　尺寸标注方法

1. 尺寸标注要求

尺寸标注要正确，应符合国家标准，数值准确。尺寸标注要**完整**，既不缺漏也不重复，不多不少。尺寸标注要**清晰**，标注位置及排列应清晰。

2. 尺寸的类型

（1）定形尺寸：确定各基本体大小的尺寸。在三维空间中，定形尺寸一般包括长、宽和高三个方向的尺寸。由于各基本形体的形状特点不同，定形尺寸的数量也各不相同。

（2）定位尺寸：确定各基本体之间相对位置的尺寸。

（3）总体尺寸：确定组合体的总长、总宽和总高的尺寸。

3. 尺寸标注的方法

形体分析法是保证组合体尺寸标注完整的基本方法。所谓完整，即要求标注出确定组合体中每个形体形状的定形尺寸，以及确定各形体间相对位置的定位尺寸，这些尺寸应不多不少。当某一尺寸已经标注出，在其他视图中一般不再重复标注。

8.2.3.2　尺寸标注示例

1. 尺寸基准分析

基准分为主要基准和辅助基准。在三维空间中，长、宽和高三个方向上应各有一个主要基准。一般采用组合体或形体的对称平面、对称线、主要的轴线和较大的平面作为主要基准。

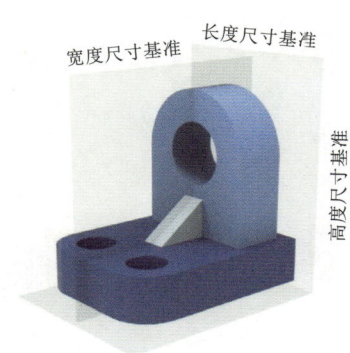

图 8.2.8　尺寸基准分析

根据需要，还可选一些其他几何元素作为辅助基准。如图 8.2.8 所示，宽度尺寸基准为对称平面，高度尺寸基准为底面，长度尺寸基准为端面。

2. 尺寸标注

（1）逐个标注各个基本形体的定形尺寸，如图 8.2.9（a）所示。

（2）逐个标注长度、宽度和高度方向的定位尺寸，如图 8.2.9（b）所示。

（3）标注总体尺寸，如图 8.2.9（c）所示。

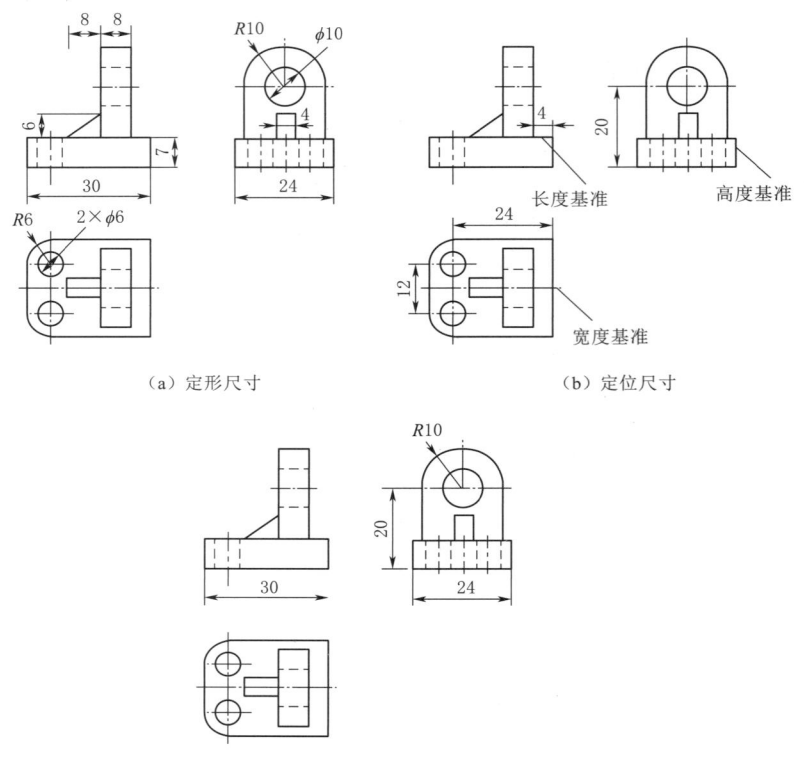

图 8.2.9　尺寸标注

（4）整理尺寸，最终尺寸标注如图 8.2.10 所示。

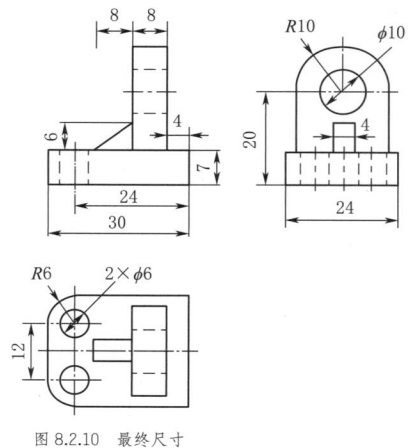

图 8.2.10　最终尺寸

第三篇
构造表达

本篇主要介绍了多种测量技术及机械制图的视图表达方法。文中详细描述了使用半径样板与拓印法等方式测量圆角、螺纹、曲线和曲面的技巧，展现了传统测量方法的实用性和灵活性。随后，引入了现代测绘技术，包括三维扫描、激光雷达和 GPS 测绘技术，展现了测绘技术的现代化发展趋势。此外，本篇深入探讨了机械制图中的局部视图、斜视图和剖视图等表达方式，特别强调了局部剖视图和断面图在表达机件内部结构时的应用，为机械制图的精确表达提供了指导。本篇为读者提供了从传统到现代测量技术及机械制图表达方法的全面概述，具有重要的实用价值和指导意义。

第9章 工程制图基础

知识要点：
- 理解工程制图国家标准。
- 掌握基本几何作图方法。

能力目标： 培养工程设计思维。

思政目标： 以国家标准为切入点，培养学生的规范意识。

9.1 制图国家标准的基本规定

我国于 1959 年颁布了首个《机械制图》国家标准。此后，为与国际标准化组织（ISO）制定的国际标准接轨，该国家标准历经多次修订，并逐步衍生出一系列新的标准，即现行的《技术制图》国家标准。作为基础技术标准的《技术制图》与作为机械专业制图标准的《机械制图》，共同对图样相关的画法、尺寸标注及技术要求等要素进行了统一规范，成为绘制和使用图样的根本依据。在实际绘制图样时，必须严格遵循上述标准的有关规定，以确保图样的准确性和通用性。

我国现行的标准可分为国家标准、行业标准、地方标准和企业标准四个层次。国家标准简称"国标"。国家标准和行业标准又分为强制性标准和推荐性标准。国家标准的代号形式为"GB"加上代表标准的顺序编号，以及代表标准颁布的年号。其中，"GB"是"国标"汉语拼音首字母缩写。推荐性标准的代号形式为"GB/T"加上代表标准的顺序编号，以及代表标准颁布的年号。

9.1 课件

9.1.1 图纸幅面及格式

9.1.1.1 图纸幅面

图纸幅面是指图纸宽度与长度组成的图面。绘制图样时，应采用表 9.1.1 中规定的图纸基本幅面尺寸，尺寸单位为毫米（mm）。基本幅面代号包括 A0、A1、A2、A3 和 A4 五种。必要时，也允许选用国家标准《技术制图 图纸幅面和格式》（GB/T 14689—2008）所规定的加长幅面，这些幅面的尺寸

微课视频

制图国家标准-图幅及格式

由基本幅面的短边成倍数增加后得出。

表 9.1.1　图纸基本幅面代号和尺寸

幅面代号	A0	A1	A2	A3	A4
$B\times L$	841×1189	594×841	420×594	297×420	210×297
a	25				
c	10			5	
e	20			10	

9.1.1.2　图框

图框指图纸上限定绘图区域的线框，即绘图的有效范围。在图纸上必须用粗实线绘制图框，用来界定绘图的边界。格式可以分为需要装订图样（图 9.1.1）和不需要装订图样（图 9.1.2）两种。

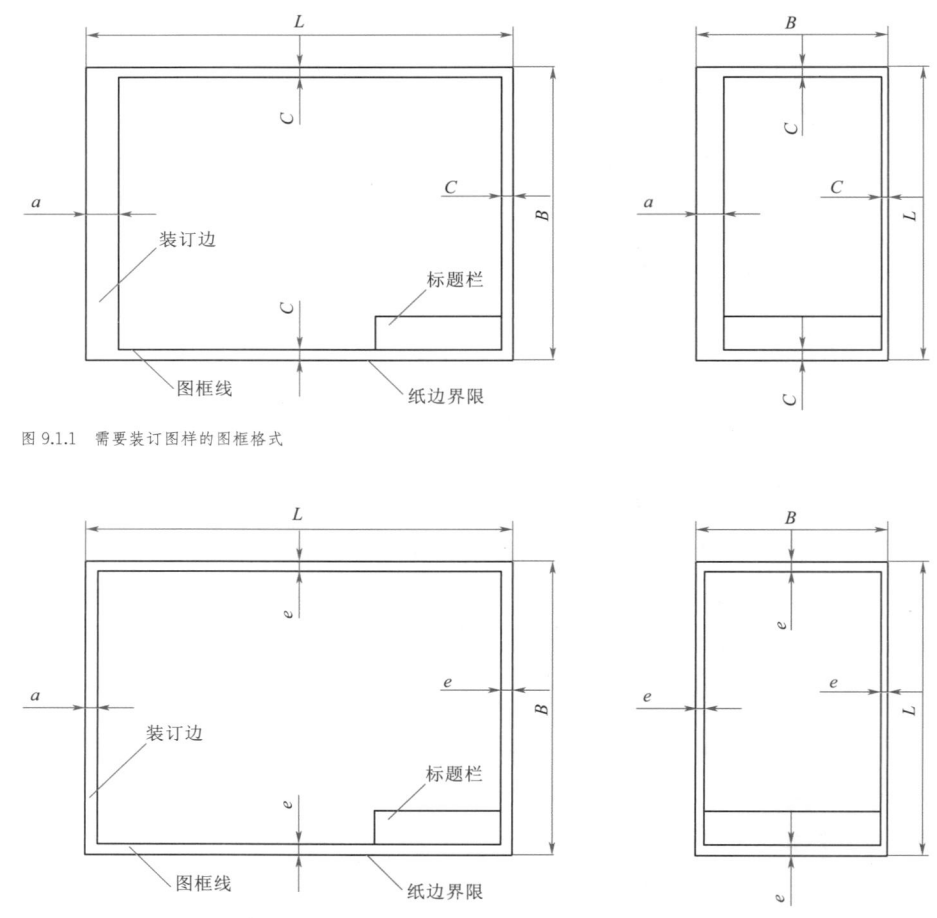

图 9.1.1　需要装订图样的图框格式

图 9.1.2　不需要装订图样的图框格式

9.1.1.3　标题栏

标题栏用于填写图样上的综合信息，每张图纸都必须绘制标题栏。标题栏中的文字方向为主要的看图方向。标题栏应位于图纸右下角，标题栏的底边与下图框线重合，右边与右图框线重合。标题栏的线型、字体及年月日的填写格式均应符合国家标准的规定。

9.1.1.4 比例

比例是图样中图形要素的线性尺寸与实际表达对象相应要素的线性尺寸之比。简单地说，图样上所绘制的图形与实物相应要素的线性尺寸之比称为比例。绘制图样时，应尽可能按照所表达对象实际尺寸绘制，以方便看图。如果物体太大或者太小，则可采用放大或缩小的比例，绘图时，应从表 9.1.2 中规定的比例中选取适当的比例。绘制同一机件的各个视图时，应尽可能采用相同的比例，并在标题栏的比例栏中注明；当某个视图必须采用不同比例时，可在该视图的上方另外标注。

表 9.1.2 图样的比例

种类	优先选用比例	允许选用比例
原值比例	1 : 1	
放大比例	5 : 1　2 : 1 5×10^n : 1　2×10^n : 1　1×10^n : 1	4 : 1　25 : 1 4×10^n : 1　25×10^n : 1
缩小比例	1 : 2　1 : 5　1 : 10 1 : 2×10^n　1 : 5×10^n　1 : 1×10^n	1 : 1.5　1 : 2.5　1 : 3　1 : 4　1 : 6 1 : 1.5×10^n　1 : 2.5×10^n　1 : 3×10^n　1 : 4×10^n　1 : 6×10^n

注：*n* 为正整数。

9.1.1.5 字体

国家标准《技术制图　字体》（GB/T 14691—1993）规定，图样中书写的汉字、数字和字母必须做到字体工整、笔画清楚、间隔均匀及排列整齐，字体大小以号数表示，字体的号数即为字体的高度；汉字应采用长仿宋体，且须使用简化字；字母和数字分为 A 型和 B 型，A 型字体的笔画宽度为字体高度的 1/14，B 型字体的笔画宽度为字高的 1/10。字母和数字可以写成斜体或直体；斜体字的字头向右倾斜，与水平基准线呈 75° 角，如图 9.1.3 所示。

字体工整　笔画清楚　间隔均匀排列　整齐

横平竖直　注意起落　结构均匀　填满方格

ABCDEFGHIJKL　*ABCDEFGHIJKL*

abcdefghijkl　*abcdefghijkl*

0123456789　*0123456789*

图 9.1.3　字体示例

9.1.1.6 基本线型

国家标准《机械制图　图样画法　图线》（GB/T 4457.4—2002）规定图线的基本线型共有 15 种，基本线型的变形有 4 种，如直线变形为折线及波浪线。国标对图线宽度即图线的粗细也有明确规定，规定了 9 种图线宽度，图样中可出现 3 种不同宽度的图线，称为粗线、中粗线和细线，表 9.1.3 列举了制图中常用的图线。同一图样中，同类图线的宽度应一致。

表 9.1.3　图线名称、型式、线宽及应用举例

图线名称	图线型式	图线宽度	应用举例
粗实线		b	可见轮廓线，可见过渡线
细实线		约 $b/2$	尺寸线，尺寸界线，剖面线，重合断面的轮廓线，引出线
波浪线		约 $b/2$	断裂处的边界线，视图和剖视的分界线
双折线		约 $b/2$	断裂处的边界线
虚线		约 $b/2$	不可见的轮廓线
细点画线		约 $b/2$	轴线，对称中心线
粗点画线		约 b	有特殊要求的线和表面的表示线
双点画线		约 $b/2$	相邻辅助的轮廓线，极限位置的轮廓线，假想投影轮廓线，中断线

绘制图样时需注意以下事项：

（1）同一图样中，同类图线的宽度应基本保持一致，虚线、点画线及双点画线的线段长度和间隔应各自大致相等。

（2）两条平行线（包括剖面线）之间的距离应不小于粗实线宽度的 2 倍，其最小的距离不得小于 0.7mm。

（3）点画线或虚线相交时，应交于点画线或虚线的线段处；虚线与实线相连时，应留空隙；虚线与实线相交时，应交于虚线的线段处，如图 9.1.4 所示。

（4）绘制圆的对称中心线时，圆心应为线段的交点。点画线和双点画线的首末两端应为线段而非短画线，同时其两端应超出图形轮廓线 2~3mm。在较小的图形上绘制点画线或双点画线有困难时，可用细实线代替，如图 9.1.4 所示。

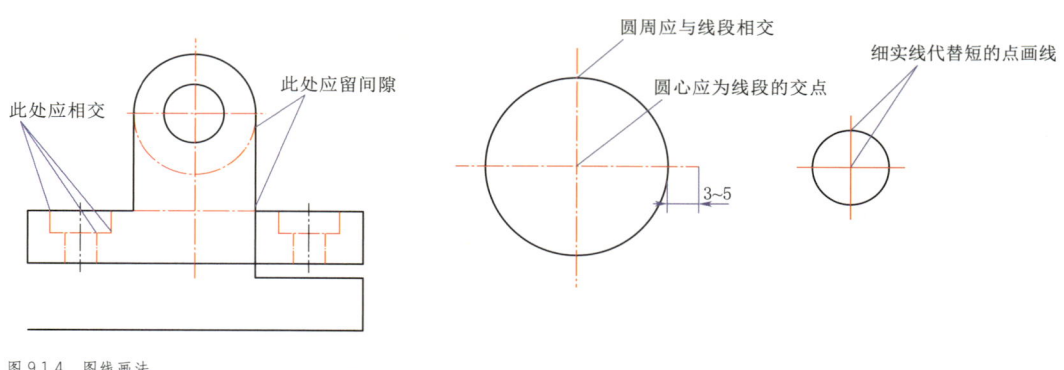

图 9.1.4　图线画法

9.1.2 尺寸标注

图样中所标注的尺寸应为机件的实际尺寸,且为该图样所示工件的最后完工尺寸。图样中(包括技术要求和其他说明)的尺寸若以毫米(mm)为单位时,不需标注单位符号(或名称);如若采用其他单位时,则必须注明,如厘米(cm)、米(m)等。

一组完整的尺寸由尺寸数字、尺寸线、尺寸界线和尺寸线终端(箭头或斜线)组成。如图9.1.5和图9.1.6所示,双箭头线即为尺寸线,其上方的数字"40"为尺寸数字,其末端为尺寸线终端,其左右两边的竖线为尺寸界线。

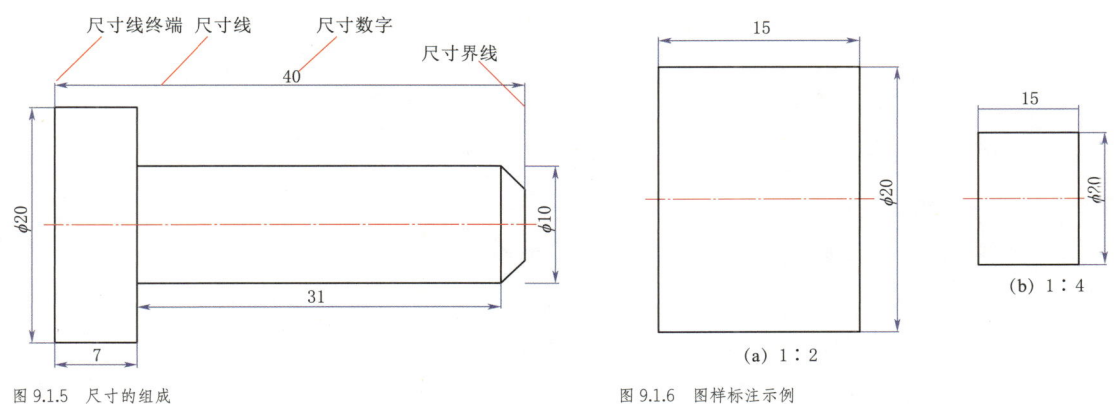

图9.1.5 尺寸的组成   图9.1.6 图样标注示例

9.1.2.1 基本规则

(1)物体的真实大小应以图样上所注的尺寸数值为依据,与图形的大小及绘图的准确度无关。

(2)图样中所注尺寸是该图样所示物体最后完工时的尺寸,否则应另加说明。

(3)物体的每一尺寸,一般只标注一次,并应标注在反映该结构最清晰的图形上。

(4)图样中的尺寸,以毫米为单位时,不需标注计量单位的代号或名称,若采用其他单位,则必须注明。

9.1.2.2 尺寸数字

线性尺寸的数字一般应注写在尺寸线的上方,也允许注写在尺寸线的中断处。若位置不够时,可注写在尺寸线一侧的引线上。标注参考尺寸时,应将尺寸数字加上圆括弧。线性尺寸数字的方向应按照图9.1.7(a)所示,其中30°范围内的尺寸应按照图9.1.7(b)中所示的形式标注。

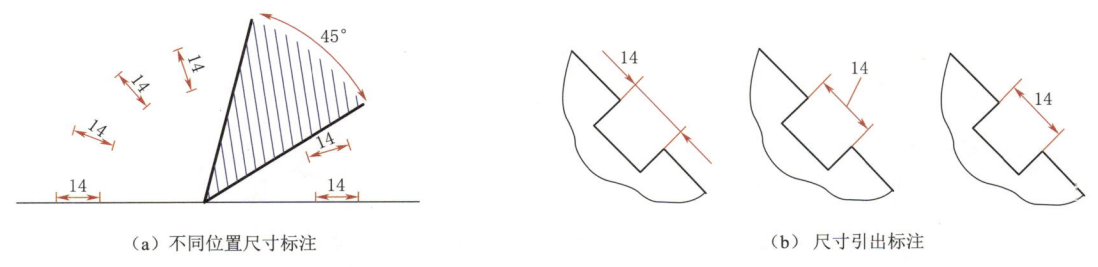

(a)不同位置尺寸标注   (b)尺寸引出标注

图9.1.7 线性尺寸数字方向

在不致引起误解时,允许将非水平方向尺寸的数字水平注写在尺寸线中断处,但在同一张图样中,应尽可能采用同一种形式注写。

尺寸数字不允许被任何图线穿过（图9.1.8）；不可避免时，必须将图线断开以保证数字清晰。

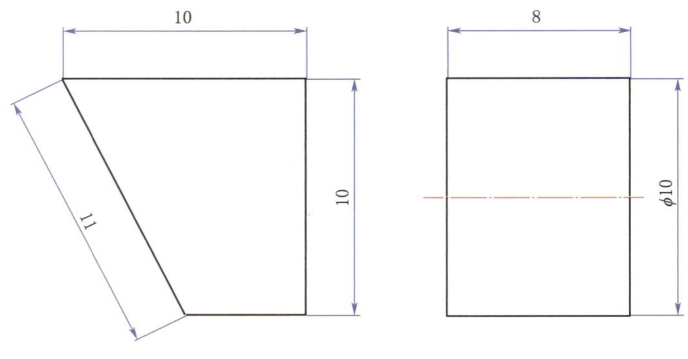

图9.1.8　尺寸数字标注

9.1.2.3　尺寸线

（1）尺寸线应由细实线单独绘制，不能用其他图线代替，一般也不得与其他图线重合或绘制在其延长线上。

（2）圆的直径和圆弧半径的尺寸线终端应绘制成箭头，如图9.1.9所示。

（3）标注线性尺寸时，尺寸线必须与所标注线段平行，如图9.1.10（a）中10的尺寸线与其上方的粗实线平行。

（4）互相平行的尺寸线，小尺寸在里，大尺寸在外，如图9.1.10中尺寸5、10和25是相互平行的，尺寸25在外，尺寸5和10在内。

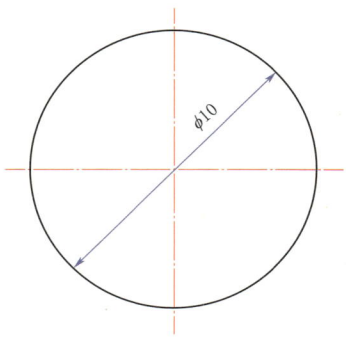

图9.1.9　圆的尺寸线画法

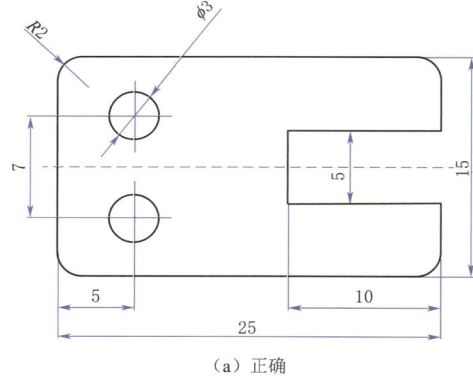

图9.1.10　尺寸线画法

9.1.2.4　尺寸界线

（1）尺寸界线由细实线绘制，并应由图形的轮廓线、轴线或对称中心线处引出。必要时，也可以利用轮廓线、轴线或对称中心线作为尺寸界线。

（2）尺寸界线一般应与尺寸线垂直，并超出尺寸线2~3mm，必要时允许倾斜。

（3）在光滑过渡处标注尺寸时，必须用细实线将轮廓线延长，从它们的交点处引出尺寸界线。

9.1.2.5　尺寸终端

尺寸线终端两种形式，包括箭头和斜线。标注连续的小尺寸时，中间的箭头可以用小黑点或斜线代替，如图

9.1.11 所示。当尺寸线太短且没有足够的位置绘制箭头时，可将其绘制在尺寸线延长线上。

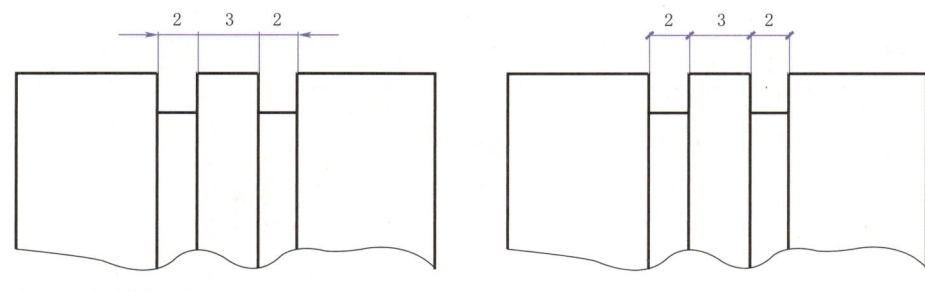

图 9.1.11　尺寸终端画法

9.2　几何作图

9.2.1　正六边形的画法

（1）绘制一个半径等于正六边形边长的圆，如图 9.2.1（a）所示。

（2）分别以 A 和 D 为圆心，以 AO 和 DO 为半径画弧，与外接圆交于 B、C、E 和 F，如图 9.2.1（b）所示。

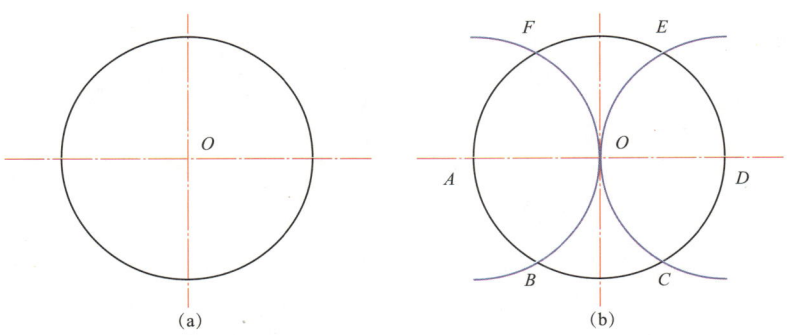

图 9.2.1　正六边形画法

（3）按顺序连接各点，得到正六边形，如图 9.2.2（a）所示。

（4）对正六边形进行加深，完成作图，如图 9.2.2（b）所示。

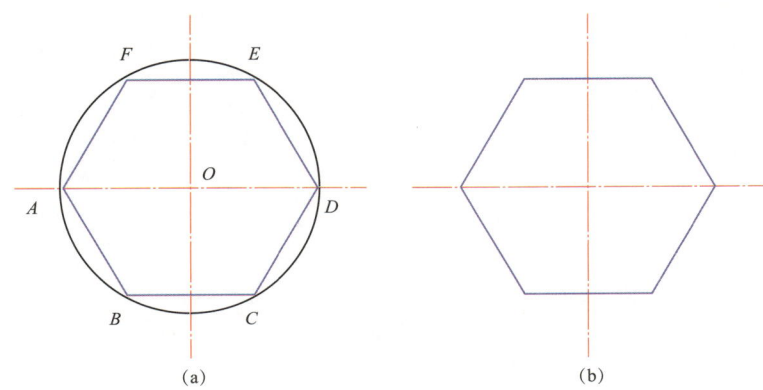

图 9.2.2　正六边形画法

9.2.2 正五边形的画法

（1）画一定长度半径的圆，如图9.2.3（a）所示。

（2）求 ON 半径的中点 M，如图9.2.3（b）所示。

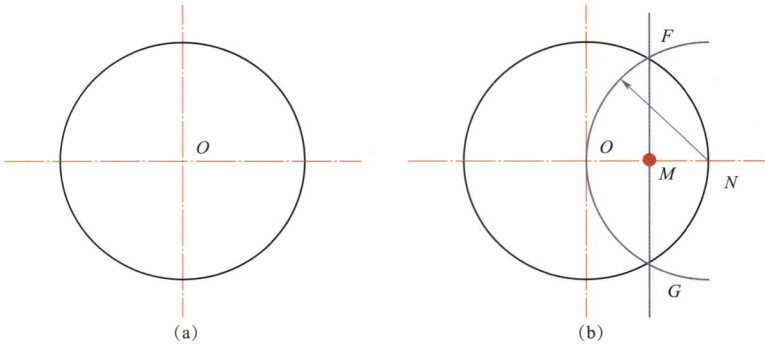

图9.2.3 正五边形画法

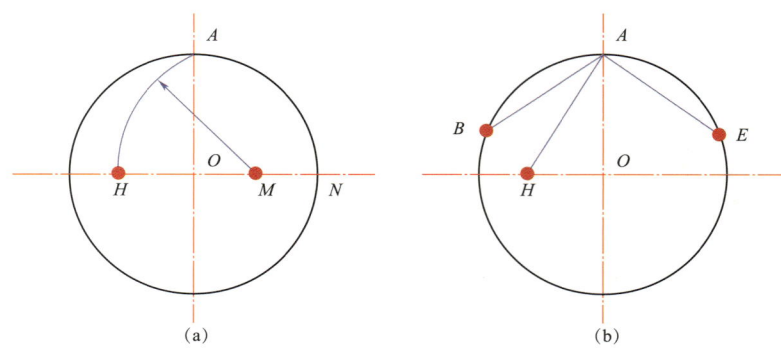

图9.2.4 正五边形画法

（3）以 M 点为圆心，MA 为半径画圆弧交 NO 的延长线于点 H，如图9.2.4（a）所示。

（4）以 A 为圆心，以 AH 为半径画弧，交圆于点 B 和 E，AB 即为所求正五边形的边长，如图9.2.4（b）所示。

（5）以 AB 为边长在圆周上截得等分圆周的顶点 C 和 D，即求得正五边形的五个顶点。如图9.2.5（a）所示。

（6）对正五边形进行加深，完成作图，如图9.2.5（b）所示。

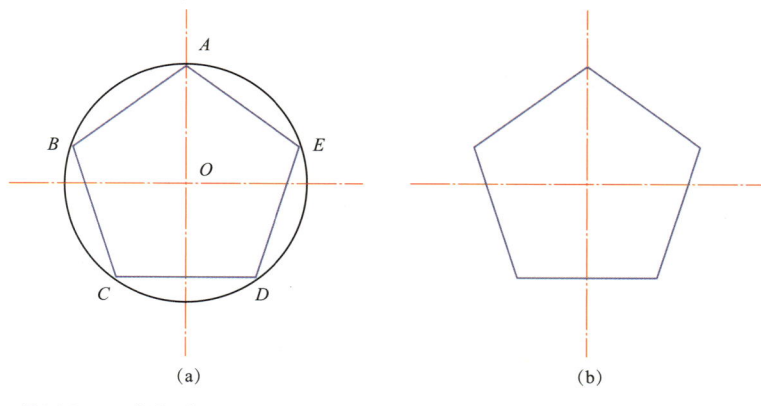

图9.2.5 正五边形画法

9.2.3 椭圆的画法

（1）已知椭圆的长轴 AB 和短轴 CD，如图 9.2.6（a）所示。

（2）以 O 为圆心，OA 为半径画弧交 CD 延长线于 E，如图 9.2.6（b）所示。

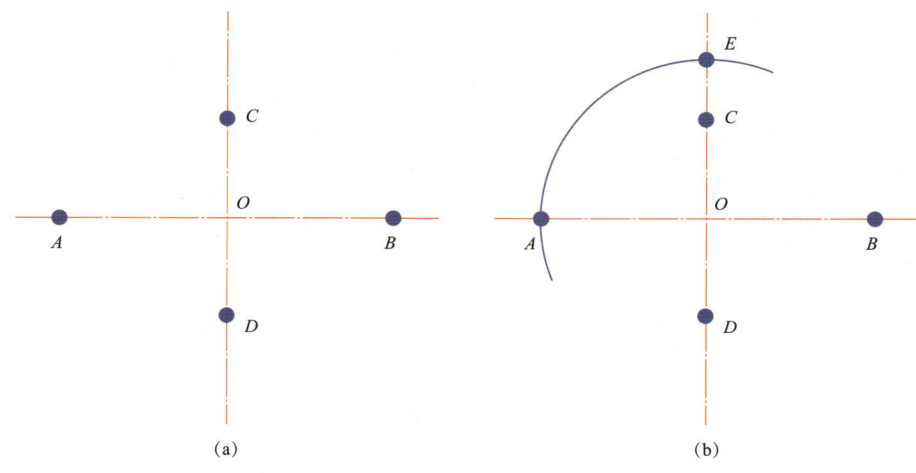

图 9.2.6 椭圆的正式画法

（3）连 AC，以 C 为圆心，CE 为半径画弧交 AC 于 F，如图 9.2.7（a）所示。

（4）作 AF 线段的中垂线分别交长轴和短轴于 O_1 和 O_2，如图 9.2.7（b）所示。

（5）作 O_1 和 O_2 的对称点 O_3 和 O_4，即求出四段圆弧的圆心，如图 9.2.8（a）所示。

（6）分别以 O_1、O_2、O_3 和 O_4 为圆心，以 O_1A、O_2C、O_3B 和 O_4D 为半径，作出四段圆弧，其中各段圆弧的光滑连接点 A、B、C 和 D 分别位于圆心连线的延长线上，如图 9.2.8（b）所示。

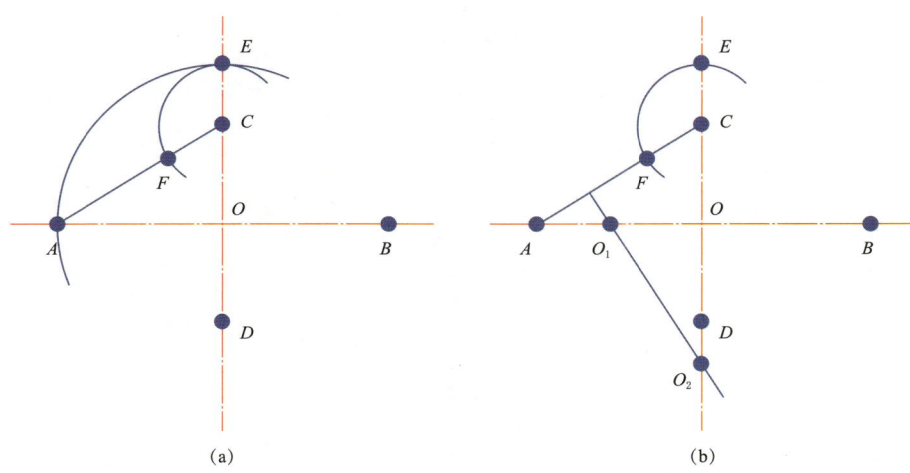

图 9.2.7 椭圆的正式画法

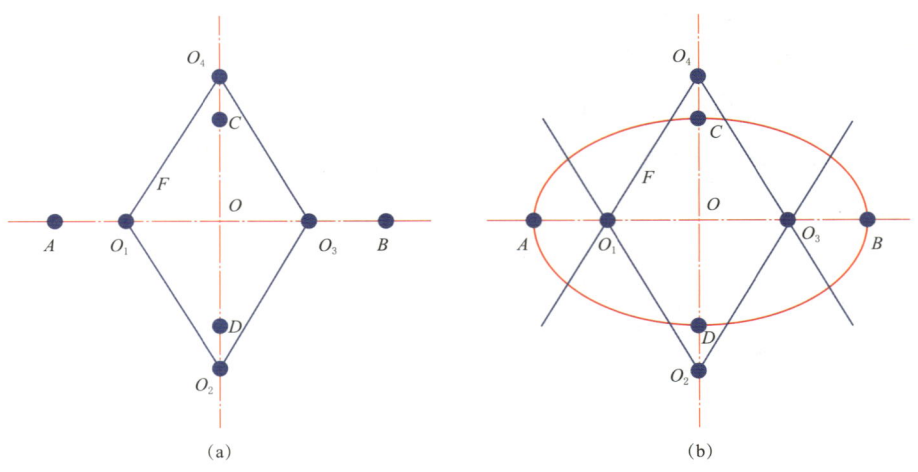

图 9.2.8 椭圆的正式画法

（7）对椭圆进行加深，完成作图，如图 9.2.9 所示。

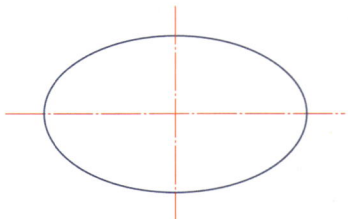

图 9.2.9 椭圆的正式画法

第10章 工程图样表达方法

知识要点：掌握视图、剖视图、断面图和局部放大图的绘制方法及综合应用。
能力目标：培养运用工程设计思维表达产品构造的能力。
思政目标：培养换位思考问题的能力。

微课视频

视图与剖视图

10.1 课件

10.1 视图与剖视图

10.1.1 视图

在工程制图中，利用正投影法将工程物体向投影面投射所得到的图形，称为视图。可见部分的轮廓线用粗实线表示，不可见的形状结构则用细虚线表示。机件外形视图的表达方式包括基本视图、向视图、局部视图和斜视图四种。

10.1.1.1 基本视图

在原有三个投影面的基础上，再增加三个与之对应平行的投影面，组成一个六面体，六面体的六个面称为基本投影面。将形体置于六个投影面所围成的六面体中，分别向六个投影面投射，所得到的形体的六个视图，称为基本视图，如图10.1.1所示。

（1）由前向后投射，在正立投影面上得到的视图，称为主视图或正立面图。
（2）由左向右投射，在右侧立投影面上得到的视图，称为左视图或左侧立面图。
（3）由上向下投射，在水平投影面上得到的视图，称为俯视图或平面图。
（4）由右向左投射，在左侧立投影面上得到的视图，称为右视图或右侧立面图。
（5）由后向前投射，在前正立投影面上得到的视图，称为后视图或背立面图。
（6）由下向上投射，在上水平投影面上得到的视图，称为仰视图或底面图。

如图10.1.2所示，六个基本视图之间符合"长对正、高平齐和宽相等"的投影关系。除后视图以外，各个视图靠近主视图的一侧均表示机件的后面，远离主视图的一侧则表示机件的前面。由于后视图是旋转180°后展开的，因此图形的左侧实际表示机件的右方。

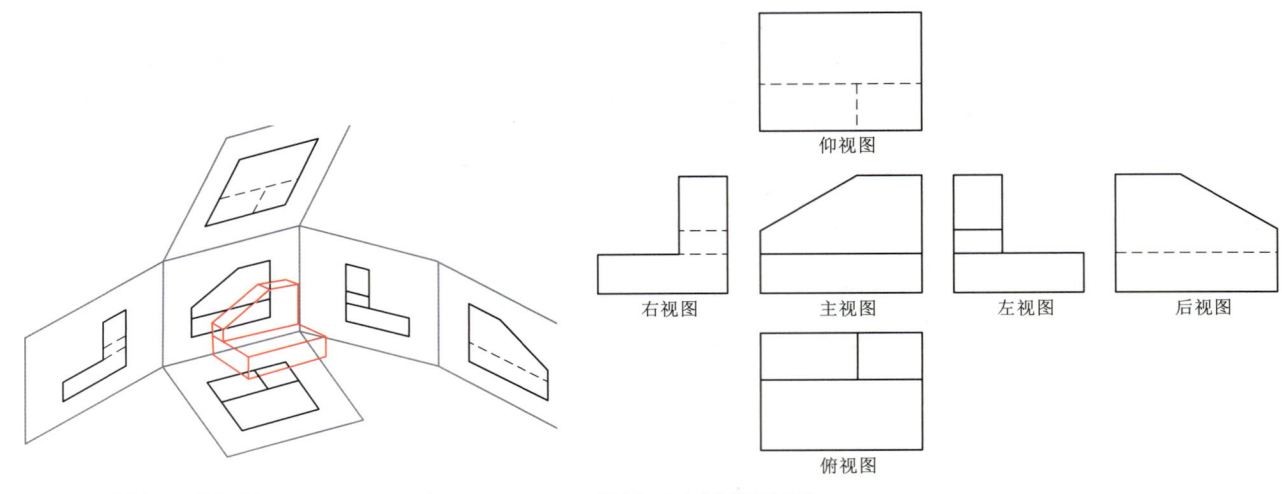

图 10.1.1　基本视图及其展开图

10.1.2　六个基本视图的配置

如图 10.1.3 所示，机件可以用六个基本视图来表示，但实际应用时应当按照需求选用，其中主视图不可缺少，再优先选用俯视图和左视图，并且在完整且清晰表达的前提下，追求用图量最少及图样最简。

10.1.1.2　向视图

为了合理利用图幅或当视图间不能按基本视图的配置关系进行配置时，某些基本视图需要离开基本视图位置而配置于合适的位置，此类视图被称为向视图。向视图必须进行标注，即在视图上方标注视图名称"X"（"X"为大写的英文字母），同时在相应视图的附近用箭头指明投影方向，并标注相同字母，如图 10.1.4 所示。

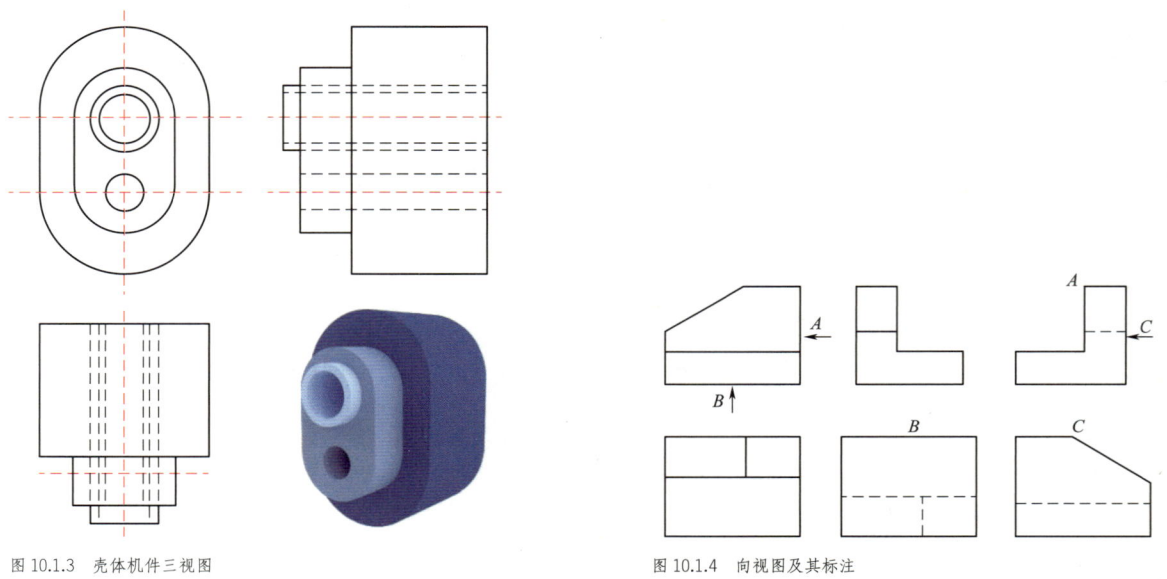

图 10.1.3　壳体机件三视图

图 10.1.4　向视图及其标注

10.1.1.3　局部视图

将物体的某一局部向基本投影面进行投射，所得的投影图称为局部视图。

如图 10.1.5 所示，主视图和俯视图能够反映该形体整体的形状特征，但 A 方向的结构未能清楚表达。为了更清楚地表达这两个部分的结构，将其作为表达重点，局部绘制出视图。

在绘制局部视图时应注意以下问题：

（1）断裂的边界应以波浪线表示，绘制于形体的实体处，不得超出形体范围，也不得绘制于形体有空隙的地方。

（2）当所画局部视图具有完整轮廓时，可采用轮廓线作为局部视图的边界，不必绘制波浪线。

（3）局部视图应尽量按基本视图的形式配置，若中间无其他视图隔开时，可省略标注。

10.1.1.4 斜视图

斜视图是指将机件向不平行于基本投影面的平面进行投影所得到的视图。为了表达机件上倾斜部分的实形，可设立一个新的辅助投影面，使它与机件上的倾斜部分，平行且垂直于某一投影面；然后将机件的倾斜部分向该投影

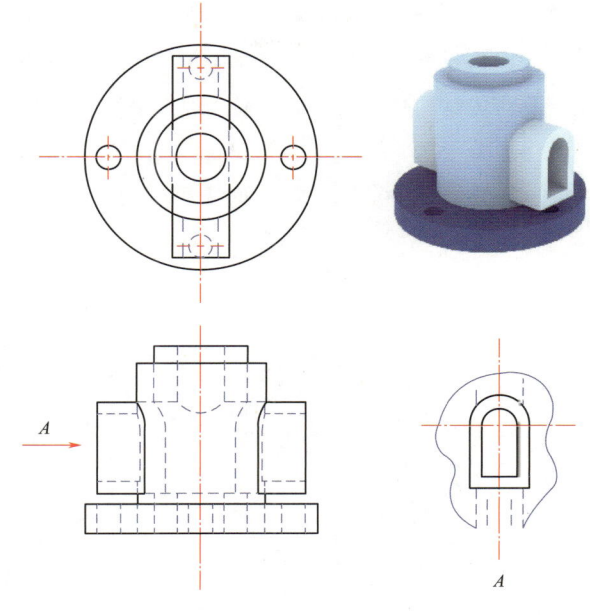

图 10.1.5　局部视图

面投射，再将该辅助投影面旋转至与它垂直的投影面重合的位置，即可得到反映该部分实形的斜视图，如图 10.1.6 所示。

斜视图仅绘制机件的倾斜部分，因此其断裂边界用波浪线或双折线表示。斜视图的标注方法与局部视图相似，一般按照向视图方向进行配置和标注，也可配置在其他适当位置。为了制图方便，允许旋转斜视图，但必须在斜视图上方加注旋转标记，且表示斜视图名称的大写英文字母应靠近旋转符号的箭头端，如图 10.1.7 所示。

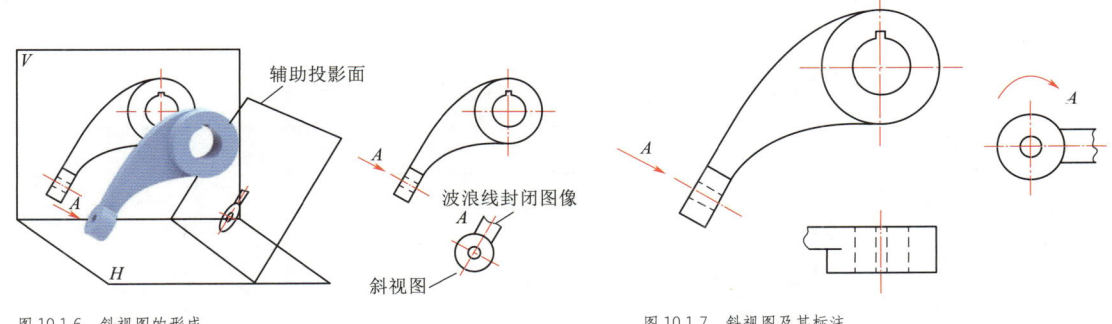

图 10.1.6　斜视图的形成　　　　　　　　　图 10.1.7　斜视图及其标注

10.1.2　剖视图

10.1.2.1　剖视图的概念

按照规定，绘制物体的视图时，形体上可见部分用粗实线表达，不可见部分则用虚线表示。当不可见部分结构较为复杂时，视图中的虚线与其他图线交叉重叠且混杂不清，使得视图表达不清晰。这既不便于绘图，也给读图增加了难度。

为此，如图10.1.8所示，假想用一个剖切平面将组合体剖开，将位于观察者和剖切平面之间的部分移去，将其余部分向投影面投射，利用这种方法所得的图形称为剖视图。剖切面一般采用平面，也可以采用曲面进行表达。剖视图将不可见结构转化为可见要素表现出来，因此剖视图主要用来表现机件内部的形状与结构。

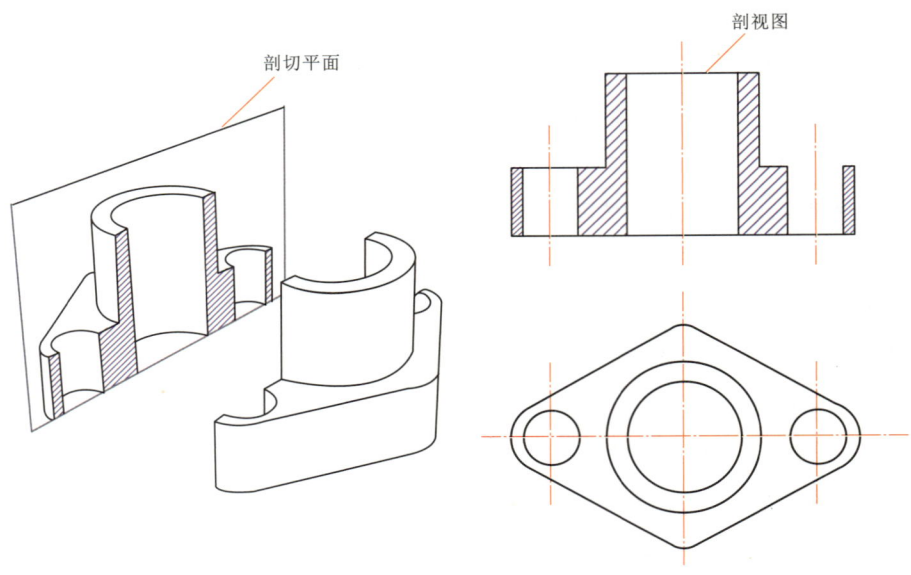

图10.1.8 剖视图的形成

在绘制剖视图时，我们需要注意以下基本规则：

（1）合理选择剖切位置和投射方向：选择恰当的剖切平面，一般通过形体的对称平面，或形体上孔、槽的轴线及中心线，且应平行于投影面。

（2）剖切是假想的，某一视图用剖视方法表达后，其他视图仍应按照组合体的完整形状绘制。

（3）当剖切平面通过实心杆件的轴线或剖切平面纵向剖切薄板类结构时，该结构应按不剖处理。

（4）画剖面符号：表明形体被剖切平面所截断的部分，表示形体的材料性质，在剖断面上绘制剖面符号。剖面符号见表10.1.1。

表10.1.1 常用材料的剖面符号图例

材料	图例	材料	图例
金属材料（已有规定剖面符号者除外）		木质胶合板（不分层数）	
绕圈绕组原件		基础周围的泥土	
转子、电枢、变压器和电抗器的叠钢片		混凝土	

续表

材 料	图 例	材 料	图 例
非金属材料（已有规定剖面符号者除外）		钢筋混凝土	
型砂、填砂、粉末冶金、砂轮、陶瓷刀片、硬质合金刀片等		砖	
玻璃及观察用的其他透明材料		格网、筛网、过滤网等	
木材 — 纵剖面		液体	
木材 — 横剖面			

10.1.2.2 剖视图的标注

在剖视图中，剖切位置的不同会导致剖切结果存在很大的差异，为了便于识图时了解剖切位置及投射方向，需要对剖视图进行明确的标注。完整的标注包括剖切线、剖切符号、字母和投影箭头，如图 10.1.9 所示。

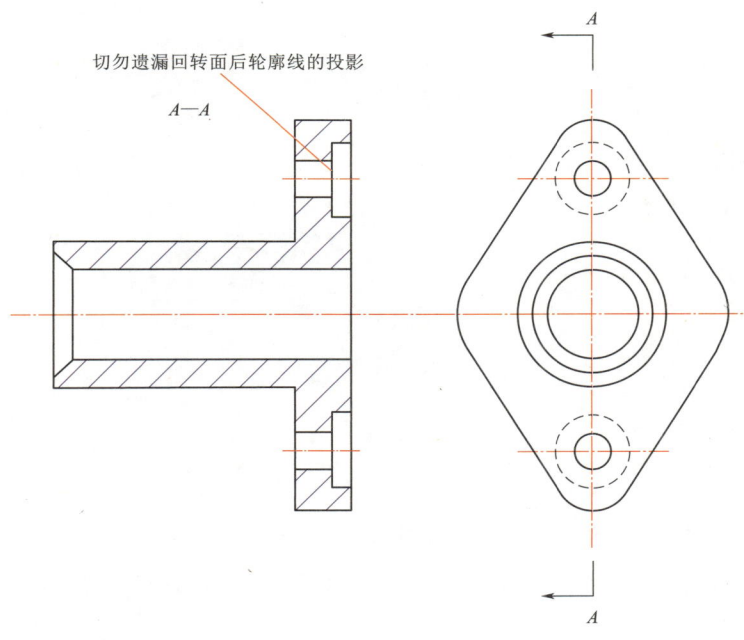

图 10.1.9 剖视图的标注

剖切线是指用于表示剖切面位置的线，采用细点画线表示。在特殊情况下，剖切线可以不画出。

剖切符号用来表示剖切面起止位置和中间转折位置，起止位置的符号绘制在视图两侧，采用 5~10mm 的粗实线表示，并在外侧绘制箭头表示投影方向。

字母采用大写的拉丁字母，标注于剖切符号附近，并在相应剖视图的正上方标注相对应的字母"X—X"，作为剖切符号的名称。

（1）剖视图在使用时，应遵守能省则省的原则即：

1）当剖切平面通过零件的对称面或基本对称的平面，且剖视图按照原视图的投影关系配置，中间无其他视图隔开时，可以省略标注。

2）当剖视图按照投影关系配置，且中间无其他图形隔开时，可以省略箭头。但在可能产生歧义时，仍需进行标注。

（2）具体标注方法如下：

1）在所绘制剖视图的上方标注剖视图的名称"X—X"。

2）在相应的视图上绘制出指示剖切平面起止及转折位置的粗短线，并用箭头指出剖视图的投射方向。

3）在剖切符号两端注写与剖视图名称同样的字符。

4）当剖切平面通过形体的对称平面，且剖视图按照投影关系配置时，上述标注可以省略。

10.1.2.3　剖视图的种类

为了用较少的图形将机件的形状完整清晰地表达出来，可采用不同的剖视图画法。根据剖切范围的大小，剖视图可以分为全剖视图、半剖视图和局部剖视图三种。

1. 全剖视图

用剖切面完全地剖开物体所得的剖视图，称为全剖视图。全剖视图主要用于表达机件完整的内部结构，通常适用于内部结构较为复杂的场合。如图10.1.10中上方的视图即为全剖视图。

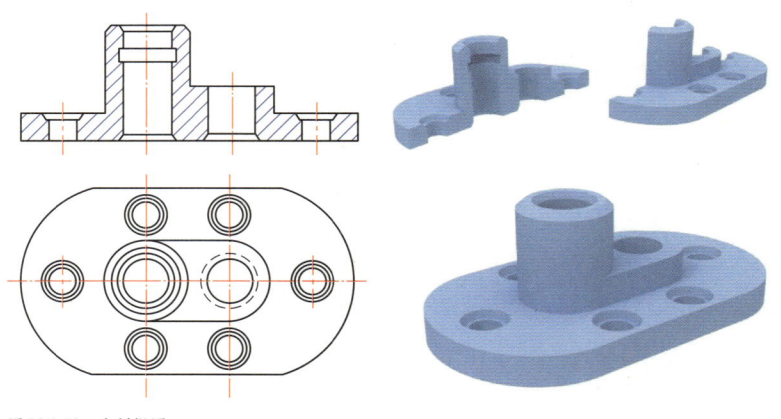

图 10.1.10　全剖视图

2. 半剖视图

当物体具有对称平面时，向垂直于对称平面的投影面投射所得的图形，可以对称中心线为界，一半绘制成视图，另一半绘制成剖视图，这种组合图形称为半剖视图。半剖视图主要用于内外形状均需要表达的对称机件，如图10.1.11所示。

绘制半剖视图时，剖视图与视图应以点画线为分界线，剖视图通常位于主视图对称线的右侧、俯视图对称线的下方及左视图对称线的右方。

在绘制半剖视图时需注意的问题如下：①在半剖视图上已表达清楚的内部结构，在不剖的半个视图上通常省略虚线；②半剖视图中，剖视图部分与不剖的视图部分之间的分界线采用细点划线，不可采用粗实线。

3. 局部剖视图

假想用剖切面局部剖开机件所得的剖视图，称为局部剖视图。局部剖视图主要用于表达机件的局部内部结构，以及不适宜采用全剖视图或半剖视图的场合（如孔和槽等），如图10.1.12所示。

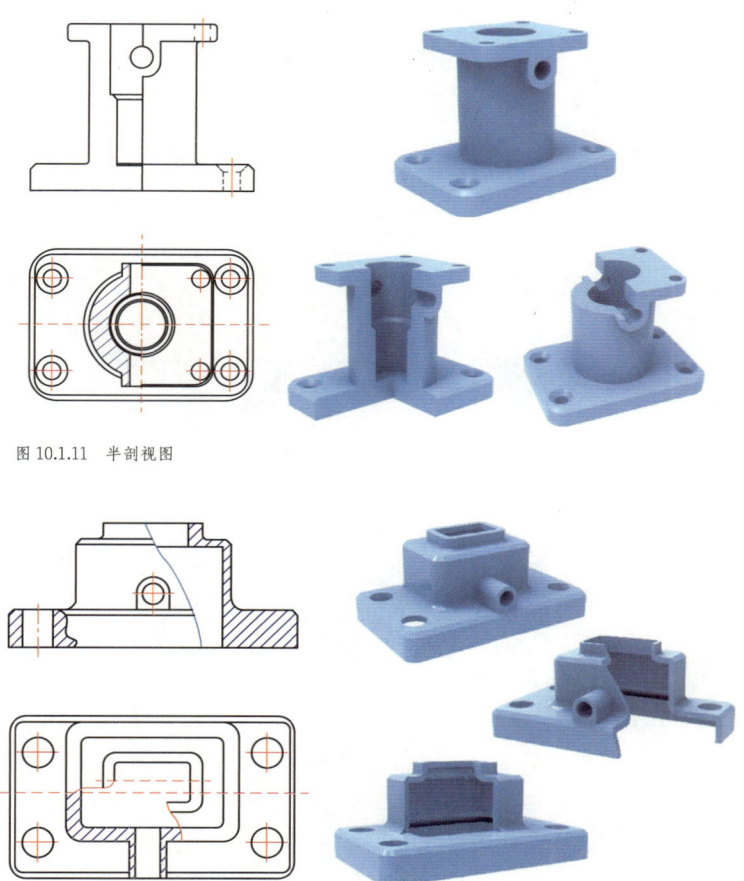

图10.1.11　半剖视图

图10.1.12　局部剖视图

在局部剖视图中，被剖部分与未剖部分的分界线采用波浪线表示。绘制波浪线时需注意：波浪线不能超出图形轮廓线；波浪线不能穿孔而过（如遇孔和槽等结构时，波浪线应断开）；波浪线不能与图形中任何图线重合。

绘制局部剖视图时应注意的问题如下：①剖切平面的位置与范围应根据机件的表达需求确定；②当被剖结构是回转体时，可将该结构的轴线作为剖切部分的分界线；③在同一机件的视图表达中，剖切视图应合理采用，不宜过多，否则会导致视图表达过于杂乱，不利于读图。

10.2　断面图与局部放大图

10.2.1　断面图

10.2.1.1　断面图的形成

在工程实际中，常用仅绘制剖切面与组合体截断面图形，即采用断面图的方式，来表达组合体的

微课视频

断面图与局部放大图

10.2 课件

构造。与视图和剖视图相比，断面图更为简洁和方便。

如图 10.2.1 所示，我们用假想的剖切面将零件割切开，运用正投影的方法，仅绘制被剖切到的轮廓，剖切面后面的部分不画，仅表示部分构造情形，此类图形称为断面图，简称断面。断面图主要用来表达形体某一部位的横截面形状。对于仅在长度方向上断面形状发生变化的工程物体，采用视图加断面图的方式来表达，将更为简便和清晰。如图中所示的轴，同时绘制了视图和断面图。视图、剖视图和断面图是完全不同的表达方法，其差异十分显著，如图 10.2.1 左侧所示。

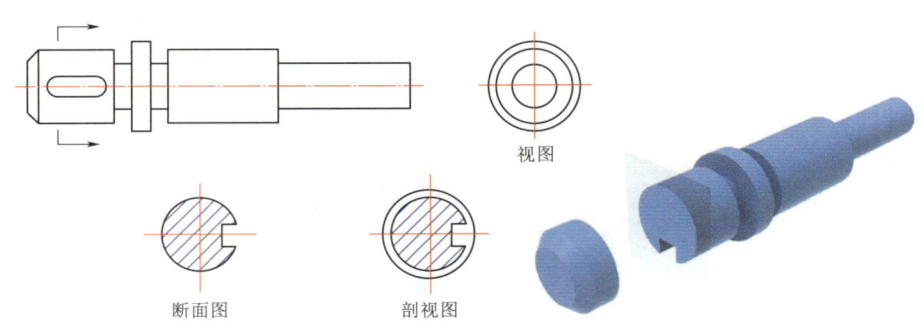

图 10.2.1　视图、剖视图和断面图

10.2.1.2　断面图的种类及画法

断面图分为移出断面和重合断面两种。

1. 移出断面图

绘制在视图外部的断面图称为移出断面图，如图 10.2.2 中所示的断面图即为移出断面图。移出断面图的轮廓线用粗实线绘制，断面上绘制剖面符号，剖面符号的画法和剖视图一致，可以绘制成倾斜且由等间隔细实线组成的通用剖面线，也可以绘制代表材料性质的图案。

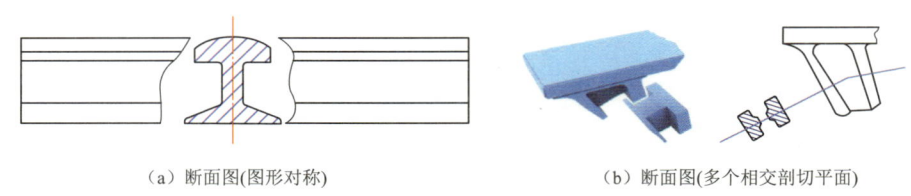

（a）断面图(图形对称)　　　　　　（b）断面图(多个相交剖切平面)

图 10.2.2　移出断面图的配置示例

移出断面图的绘制和配置应当遵循以下规则：①断面图的剖切面应与被剖切机件的轴线或轮廓垂直，如图 10.2.1 中轴的剖切面所示；②移出断面通常应配置在剖切符号或剖切迹线的延长线上，如图 10.2.1 中，移出断面位于剖切符号的延长线上；③断面图形对称时，移出断面也可以绘制在视图的中断处，如图 10.2.2（a）所示；④由两个或多个相交剖切平面剖切所得到的断面图，其中间应断开，断裂的边界应绘制成波浪线，如图 10.2.2（b）所示；⑤当剖切面通过回转面形成的孔或凹坑时，这些结构应按照剖视图绘制，如图 10.2.3（a）所示；⑥当剖切面通过非回转面形成的通孔且会导致断面图出现完全分离的情况时，这些结构也应按照剖视的方法绘制，如图 10.2.3（b）所示。

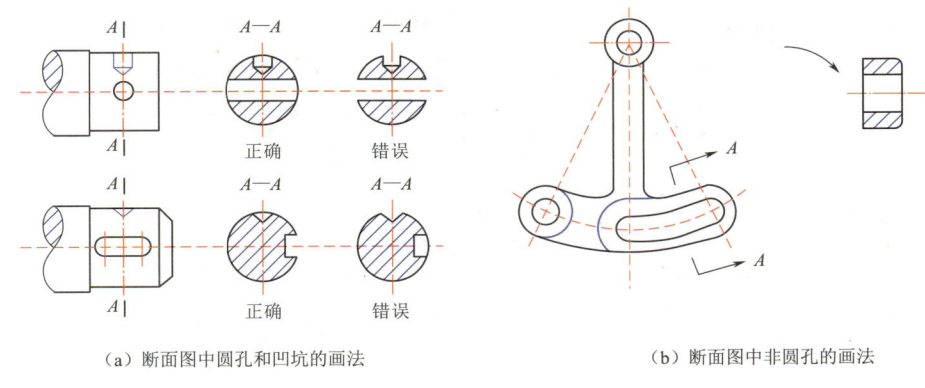

(a) 断面图中圆孔和凹坑的画法　　　　　(b) 断面图中非圆孔的画法

图 10.2.3　断面图画法

2. 重合断面图

绘制在视图轮廓范围内并与视图重合的断面图，称为重合断面图。如图 10.2.4 所示角钢的断面图为重合断面图。

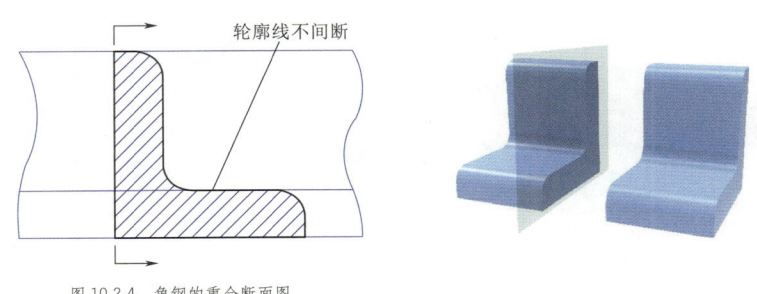

图 10.2.4　角钢的重合断面图

机械图样中，重合断面的轮廓线应绘制成细实线。断面图轮廓线与视图中其他图线重合时，其他图线仍应按照原样绘制，而不能间断。

3. 断面图的标注规则

断面图的形状与剖切位置和投射方向有关。因此，断面图也需对剖切位置和投射方向进行标注。标注方法主要有以下几种：

（1）在视图中，切断部位的起讫处，用垂直于视图轮廓线的粗短线表示剖切位置，并用箭头指明投射方向，同时注写大写拉丁字母以表示断面名称。在断面图的上方也应注写相同的字母，如"B—B"。

（2）对称的重合断面，以及绘制在剖切位置延长线上的对称移出断面，均不必标注。

（3）不对称的重合断面，以及配置在剖切符号延长线上的不对称移出断面，需绘制剖切符号和箭头，以表明投射方向，表示断面图名称的字母不必标注。

（4）不配置在剖切符号延长线上的对称移除断面，以及按照投影关系配置的不对称移出断面，均可省略箭头。

10.2.2　局部放大图

局部放大图是将机件的部分结构，用大于原图形所采用的比例绘制的图形。局部放大图可绘制成视图、剖视图或断面图，并应尽量配置在被放大部位附近，采用细实线圈出被放大部位；若有多处被放大部位时，需用罗马数字依次标明，并在相应的局部放大图上方标注相同的罗马数字及放大比例，如图 10.2.5 所示。

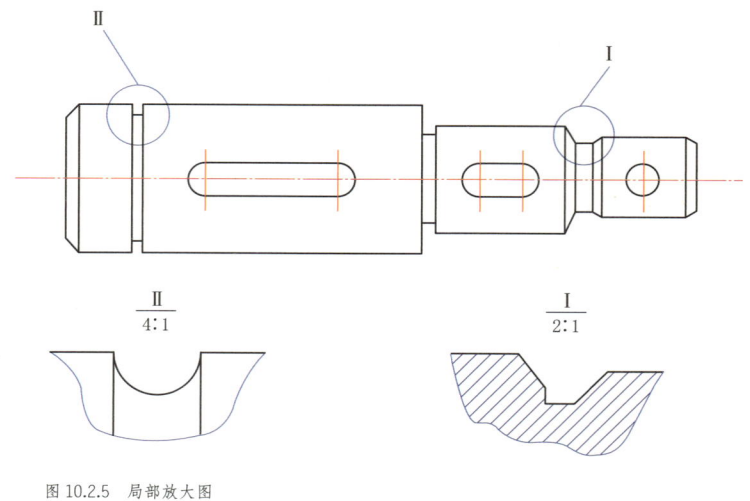

图 10.2.5　局部放大图

10.3　表达方法综合运用

前述介绍了视图、剖视、断面和局部放大等内容，每种表达方法均有各自的特点与适用范围，需要注意合理选用。对于一个特定的零件，具体怎样表达还需根据其形状与结构特点进行具体分析。在完整且清晰地表达机件内外形状的前提下，首先应考虑识图方便，其次力求制图简便。

例如，根据机架轴测图，选择适宜的表达方法，绘制出机架视图并标注尺寸。

（1）形体分析。如图 10.3.1 所示，该机架是由轴线垂直相交的两个空心圆柱 1 和 2，以及支撑板 3、筋板 4 及底板 5 通过相交、相切和叠加组合而成。底板两侧设有圆柱通孔，底面有桶槽。

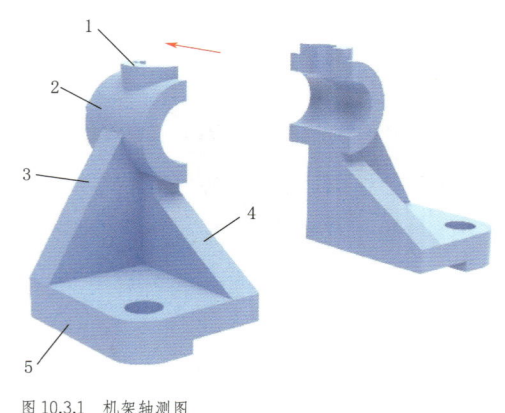

图 10.3.1　机架轴测图
1、2—空心圆柱；3—支撑板；4—筋板；5—底板

（2）视图选择。绘图时，主视图应选择最能反映机件形状特征的视图。同时，需确保机件的主要轴线或主要平面尽可能平行于投影面。因此，选择箭头所示方向为主视图方向。为了反映底板上的孔，主视图采用了局部剖视。左视图以左右对称面为剖切面作全剖视图，表达了两相交空心圆柱的内部结构及支撑板的厚度。俯视图选择 A—A 剖视，如图 10.3.2 所示，既能反映底板的实形，又能表达筋板与支撑板的相交情况。

（3）绘图并标注尺寸。依据相关分析绘制底稿，检查无误后再加深。选定尺寸基准后标注尺寸，确保所标注的尺寸正确、完整、清晰及合理。完整标注的尺寸如图 10.3.2 所示，其中左视图中的尺寸（22mm）为参考尺寸。

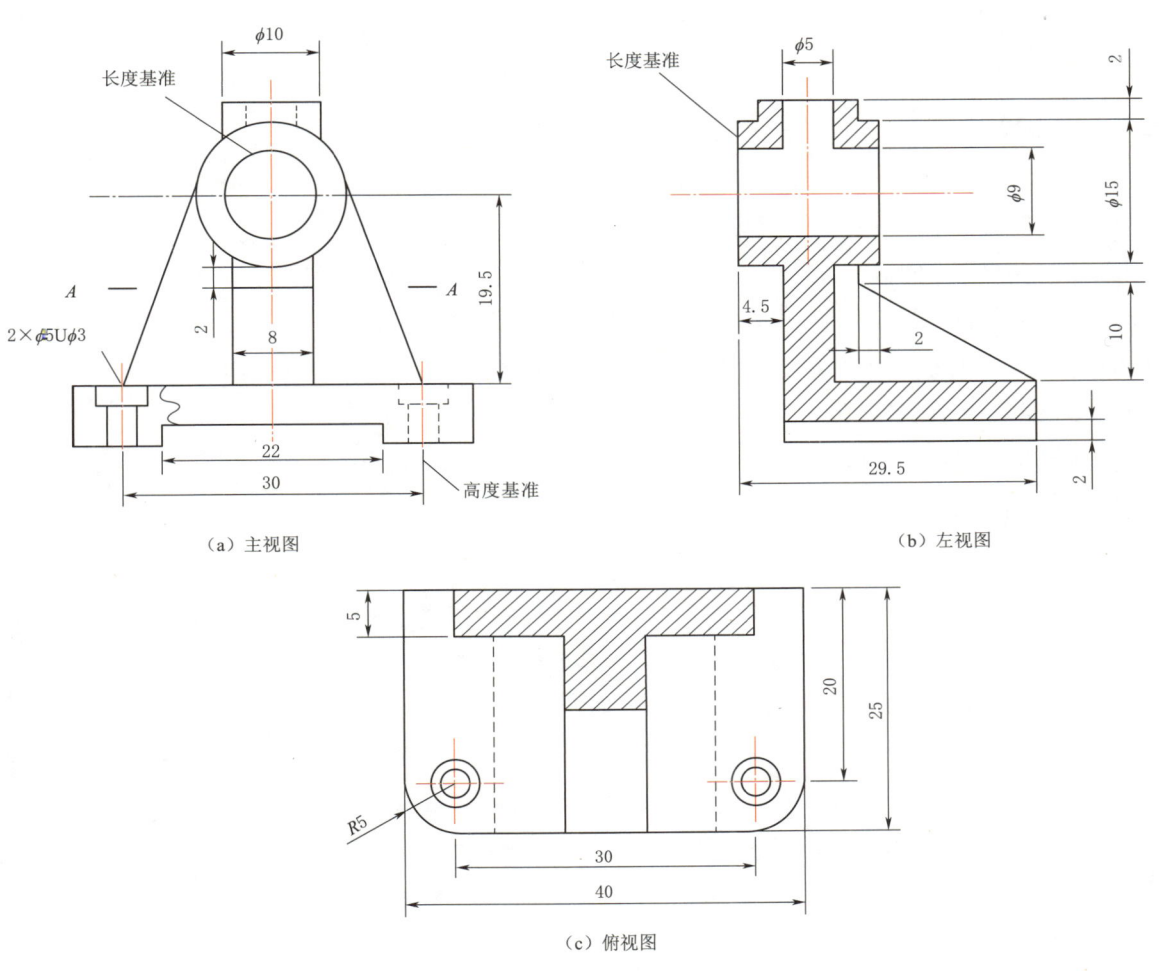

图 10.3.2 机架视图及剖视图（单位：mm）

10.4 产品测绘

10.4.1 测绘的重要意义

测绘在工程领域的应用较为广泛。产品零件设计图的来源主要有两种：一是按照新的设计绘制的图样；二是按照实物产品零件进行测绘而生成的图样。对实际零件进行目测和徒手绘制图形，然后进行测量，记录尺寸，提出技术要求，填写标题栏，以完成草图，再根据草图绘制零件图，该过程称为产品零件测绘。

产品零件测绘是在维修、仿制和技术革新中经常遇到的工作，是对实际零件进行尺寸测量，并绘制视图和综合分析技术要求的工作过程。测绘并非简单的照猫画虎，其包含测量、审核、修改和设计等工作内容，是一项复杂且细致的工作，必须慎重对待。测绘对推广先进技术、交流生产经验及改造或维修产品均具有重要意义，是工程技术人员必须掌握的基本技能。

在测绘过程中，测量工具的使用至关重要。常用的测量工具有钢尺（直尺）、外卡钳、内卡钳、塞尺、游标卡尺、千分尺、螺纹规和圆角规等。工程技术人员只有熟悉上述量具的种类、用途和使用方法，才能较好地完成测绘任务。

10.4.2 常用量具

10.4.2.1 钢直尺

钢直尺是最简单的长度量具,其常见长度规格有150mm、300mm、500mm和1000mm等。

钢直尺主要用于测量零件的线性尺寸,如图10.4.1所示。然而,它的测量结果并不十分准确。这是由于钢直尺的刻度线间距为1mm,而刻度线本身的宽度就有0.1~0.2mm,因此测量时读数误差比较大,只能读出mm数,即最小读数为1mm,而比1mm小的数值只能估计。

若用钢直尺直接测量零件的直径尺寸,测量精度更低。这除了因为钢直尺本身的读数误差较大外,也无法将钢直尺正好放在零件直径的正确测量位置。因此,通常不能直接使用钢直尺测量零件的直径尺寸。

10.4.2.2 卡钳

卡钳是最常见的比较量具,如图10.4.2所示。外卡钳用以测量外径和平面的长度。其本身不能直接读出测量结果,而是将测量得到的长度尺寸在钢直尺上进行读数。

用外卡钳测量长度,如图10.4.3(a)所示,在钢直尺上读取尺寸数值时,其中一个钳脚的测量面应当靠在钢直尺的端面上,另一个钳脚的测量面对准所需尺寸刻线,且两个测量面的连线应当与钢直尺平行,人的视线需垂直于钢直尺,如图10.4.3(b)中所示。

用外卡钳测量外径尺寸,应当使两个测量面的连线垂直于零件的轴线。外卡钳靠自重滑过零件外圆时,我们手中的感觉应当是外卡钳与零件外圆正好为点接触。此时,外卡钳两个测量面之间的距离即为被测量零件的外径,如图10.4.3(c)所示。

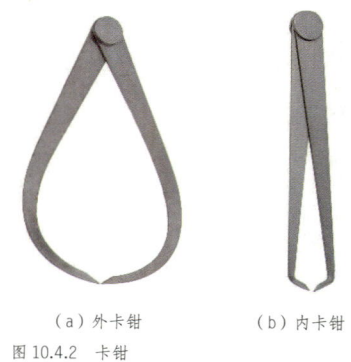

图10.4.1 钢直尺

(a)外卡钳　(b)内卡钳

图10.4.2 卡钳

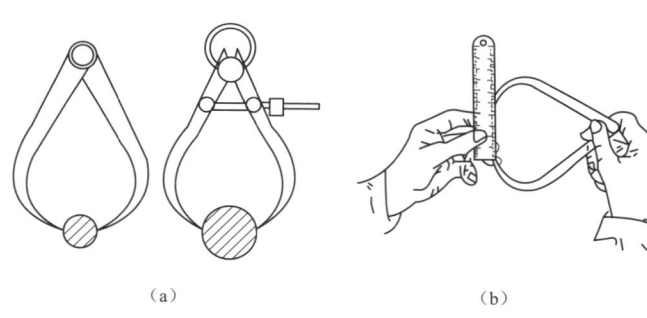

(a)　　(b)　　(c)

图10.4.3 外卡钳测量用法示意

用内卡钳测量内径,应当使两个钳脚的测量面连线正好垂直相交于内孔的轴线上,即钳脚的两个测量面应当是内孔直径的两个端点,如图10.4.4所示。

总体来看,卡钳是一种简单的量具,由于它具有结构简单、制造方便、价格低廉、易于维护和使用方便等特点,广泛应用于要求不高的零件尺寸的测量和检验。

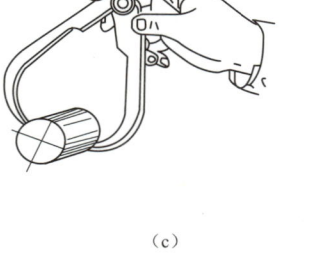
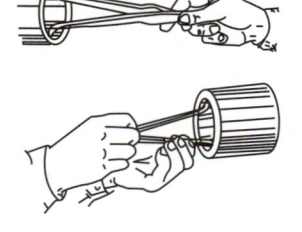

图10.4.4 内卡钳测量用法示意

10.4.2.3 游标卡尺

游标卡尺是测量尺寸的通用工具,具有结构简单、使用方便、精度中等及测量范围大等特点,常用来测量零件的外径、内径、长度、宽度、厚度、高度、深度及齿轮的齿厚等尺寸,应用范围非常广泛。如图 10.4.5 所示,游标卡尺主要有读格式、带表式和电子数显式三大类。

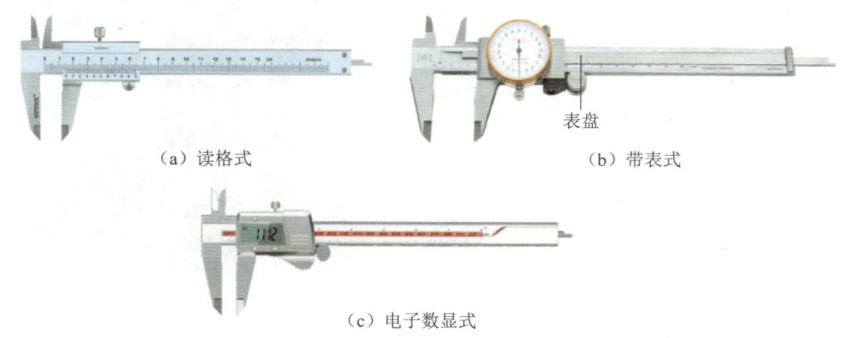

(a) 读格式 (b) 带表式

(c) 电子数显式

图 10.4.5 游标卡尺

10.4.2.4 千分尺

常见的外径千分尺,它的主要用途是测量工件的外径,也可以测量凸肩厚度及板厚和壁厚等一些外尺寸。外径千分尺也简称千分尺。实际上,千分尺的分度值是 0.01mm,就是百分之一毫米,千分尺是习惯称呼。如图 10.4.6 所示,从读数方式来看,常用的外径千分尺有普通式、电子数显式和带表式三种类型。

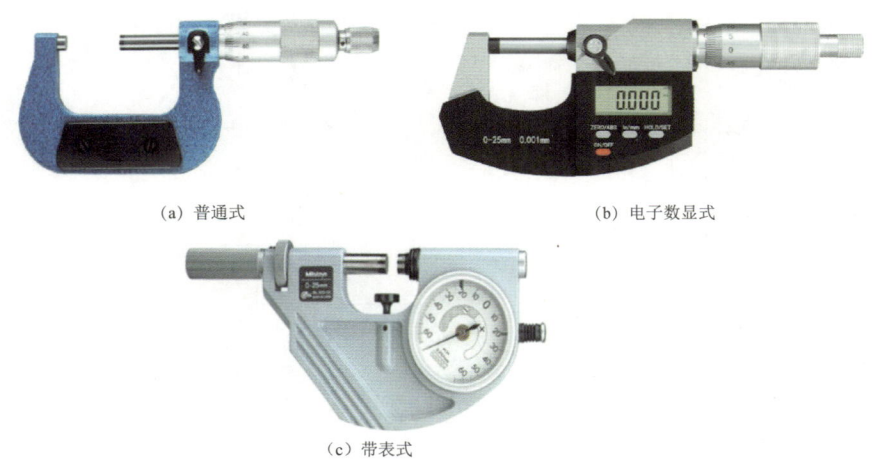

(a) 普通式 (b) 电子数显式

(c) 带表式

图 10.4.6 外径千分尺

10.4.3 零件尺寸的测量方法

测量尺寸的简单工具有直尺、外卡钳和内卡钳,而测量较为精密的零件时,需使用游标卡尺、千分尺或其他工具。

10.4.3.1 线性尺寸的测量

1. 测量直线尺寸

如图 10.4.7 所示,一般使用直尺、游标卡尺或深度尺直接测量直线尺寸大小,必要时可借助直角尺或三角板配合测量。

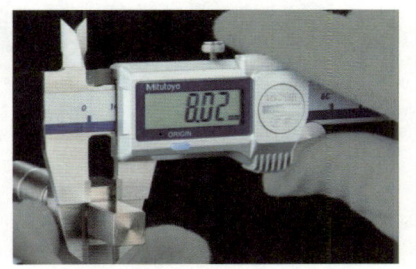

图 10.4.7 测量直线尺寸

2. 测量直径尺寸

如图 10.4.8 所示，通常直径尺寸使用内卡钳或外卡钳间接测量或使用游标卡尺直接测量，必要时也可以使用内径千分尺或外径千分尺。测量时，应确保两个测量点的连线与回转面的轴线垂直相交，以保证测量精度。

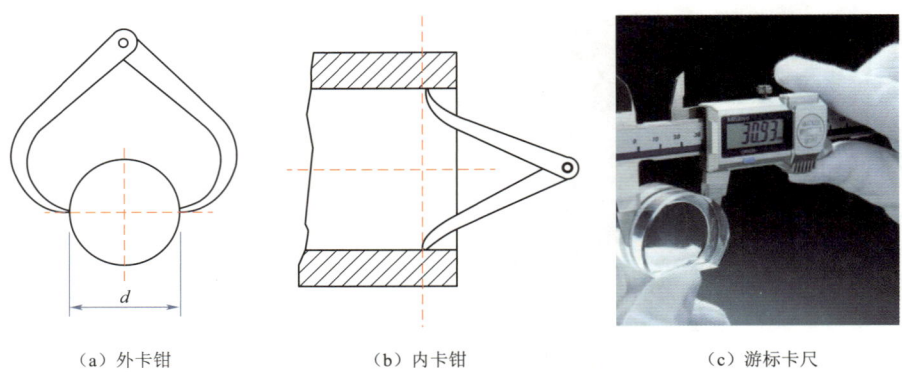

（a）外卡钳　　　　　　　　（b）内卡钳　　　　　　　　（c）游标卡尺

图 10.4.8　测量直径尺寸

3. 测量壁厚

如图 10.4.9 所示，通常可使用钢直尺测量壁厚。有时会遇到用直尺或游标卡尺都无法直接测量的壁厚，这时需要使用卡钳和直尺配合进行测量。

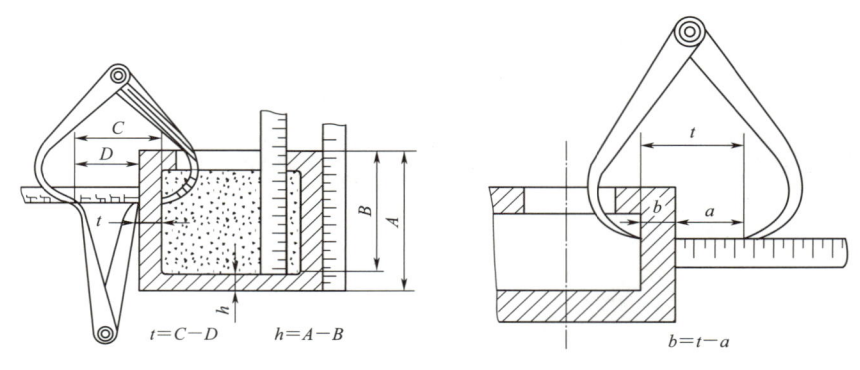

图 10.4.9　测量壁厚

4. 测量孔间距

如图 10.4.10 所示，孔间距可以用内外卡钳和钢直尺结合测量。

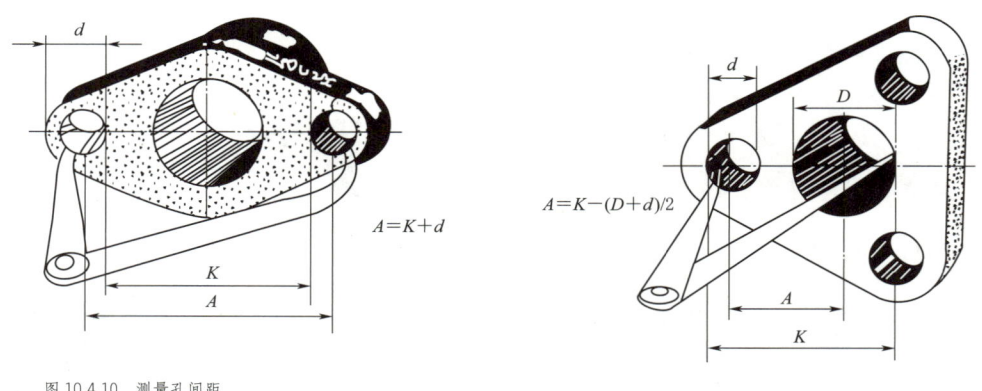

图 10.4.10　测量孔间距

5. 测量中心高

如图 10.4.11 所示，中心高可以使用钢直尺或用钢直尺和内卡钳配合测量。

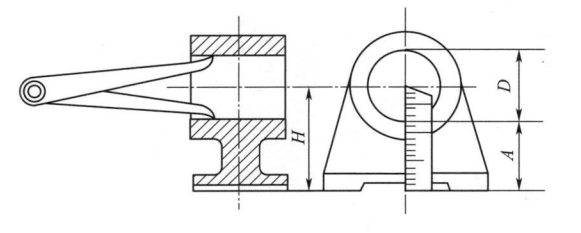
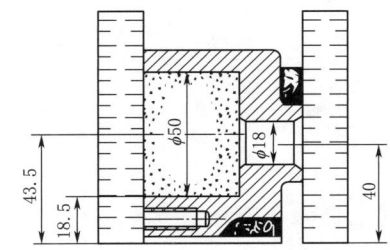

图 10.4.11　测量中心高

10.4.3.2　非线性尺寸的测量

1. 测量圆角

检查圆弧半径尺寸是否合格的量规称为半径样板，如图 10.4.12（a）所示。若要测量出圆弧角的未知半径，可选用近似的样板与被测圆弧相靠，完全吻合时，该片样板的数值即为圆角半径的大小，如图 10.4.12（b）所示。此外，也可以使用拓印法测量半径，如图 10.4.12（c）所示。

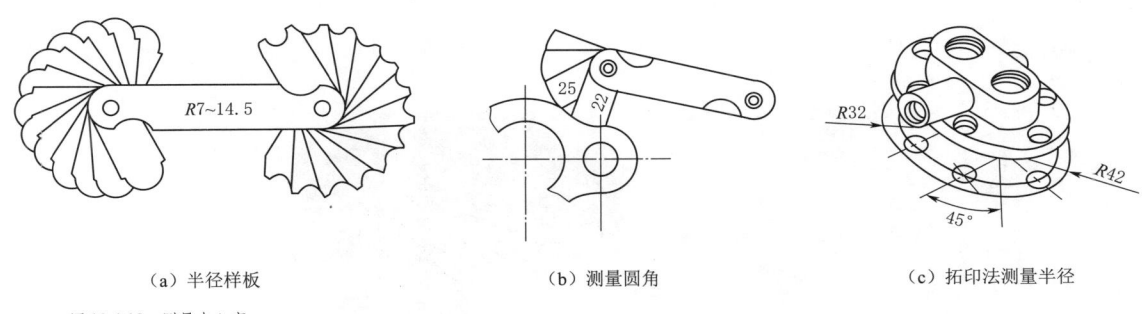

（a）半径样板　　　　　　（b）测量圆角　　　　　（c）拓印法测量半径

图 10.4.12　测量中心高

2. 测量螺纹

检查低精度螺纹工件的螺距和牙型时，可以采用螺纹样板。螺纹样板通常成套供应，由多种标准螺纹牙型样板组成，在每片样板上标注着各自的螺距，且每片样板均采用 0.5mm 厚度的不锈钢板制成，如图 10.4.13 所示。

3. 测量曲线和曲面

测量曲线和曲面时，对测量精度要求不高的曲面轮廓，可以使用拓印法在纸上拓印出其轮廓形状，如

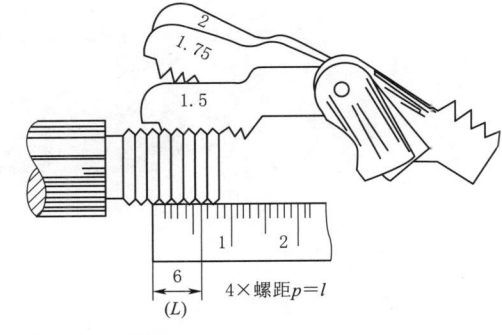

图 10.4.13　测量螺距

图 10.4.14（a）所示。然后，通过几何作图的方法求出各连接圆弧的尺寸和圆心位置，如图 10.4.14（b）中所示的 ϕ68mm、R8、R4 和 3.5mm 的尺寸。此外，也可以采用坐标法测量非圆弧曲线．如图 10.4.14（c）所示。

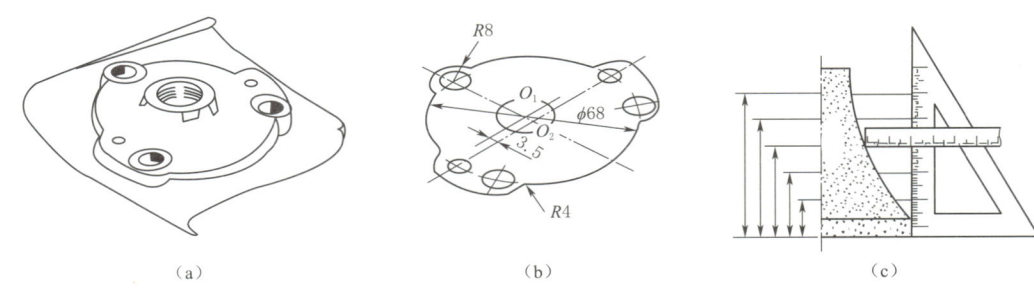

(a)   (b)   (c)

图 10.4.14　测量齿顶圆

10.4.3.3　测试步骤与方法

在进行测绘工作时，需要严格按照以下步骤和方法进行操作，以确保测绘的准确性和完整性。①测绘前的准备工作；②了解和分析测绘对象；③拆卸零件及注意事项；④绘制装配示意图；⑤绘制零件草图；⑥绘制零件工作图；⑦绘制装配图。

10.4.3.4　现代测绘技术

1. 三维扫描测绘技术

三维扫描是指集光、机、电及计算机技术于一体的高新技术，主要用于对物体空间外形、结构及色彩进行扫描，以获得物体表面的空间坐标。它的重要意义在于能够将实物的立体信息转换为计算机能直接处理的数字信号，为实物数字化提供了方便快捷的手段。三维扫描技术能实现非接触测量，且具有速度快和精度高的优点。此外，其测量结果能直接与多种软件接口，这使它在 CAD、CAM 和 CIMS 等技术应用日益普及的今天很受欢迎。

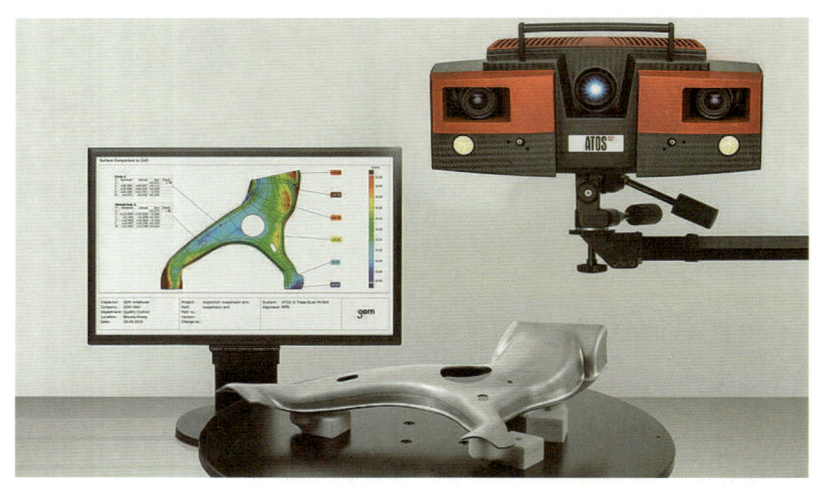

图 10.4.15　三维扫描仪

三维扫描的种类主要包括拍照式、关节臂式、三坐标、激光跟踪式和激光扫描式。三维扫描技术则主要应用于以下领域：①逆向工程实训室教学；②逆向工程（RE）与快速成型（RP）；③扫描实物以建立 CAD 数据；④扫描模型以建立用于检测部件表面的三维数据；⑤对于无法使用三维 CAD 数据的部件，建立相应的数据，后使用由快速成型（RP）创建的真实模型，以完善产品设计；⑥文物的数字化录入与电子展示等。

2. 激光雷达测绘技术

激光雷达测绘技术，主要是利用电磁波向被测位置发送信号，然后通过对当下的信号与以往发生的信号进行对比，计算被测对象的高度和距离等，实现对被测对象的勘测和跟踪。在应用过程中，可以在同一时间获得三维的空间坐标，从而实现良好的同步效果。然后运用 RealWorks 和 3ds Max 等软件建立数字模型，并将测绘数据输送到数据模型中。该模型能精准地获取传统的三维空间数字信息，在实际应用中能有效发挥其快速性与应用广泛等特征。例如，更好地应对自然灾害，也可以与虚拟现实技术合理集合，实现对自然灾害的全天候监测，并在发生灾害时及时预警。在工程建设中，激光雷达测绘技术能进行智能化的交通管理，确保城市规划的可靠性与合理性。

图 10.4.16　激光雷达测绘图

激光雷达测绘技术在基础信息收集、精密信息测量、矿山测绘、数字高程建模、模拟城市建设及机载激光雷达等方面均有广泛应用。

3.GPS 测绘技术

GPS 技术即我们常说的全球定位系统，此系统并不是一种物体，而是可以对空间进行专业测绘的定位系统。此系统可以实现不间断工作，并为整体工作提供准确且高效的保障，同时利用三维定位系统将时间和速度等数据传送给全球范围内的使用者。GPS 测绘技术在工程测量中通过接收装置将其安装到固定位置上，并与 GPS 卫星发射出的导航电文进行结合，完成对特定时间段定位距离的测量，形成所需要的三维坐标并进行精准定位。

GPS 测绘技术通过接收机、传感器和计算机等设备完成测绘工作，使数据收集更加高效、便捷且精准度高。同时，将测绘数据传输到计算机系统后，测绘人员可以利用 GIS 软件和 CAD 软件建立三维坐标模型，并利用相关参数及局部模型对绘制图进行进一步优化，提升精准度。

GPS 测绘技术主要应用于实时监测工程量变形情况、外业测绘、水下地形测绘及高程测量等方面。例如，Geo Measure App 是一款基于 GPS 测量技术在地图上进行测量的工具，对农场管理人员、城镇规划人员、建筑测量人员及土地测量员等都很有帮助。

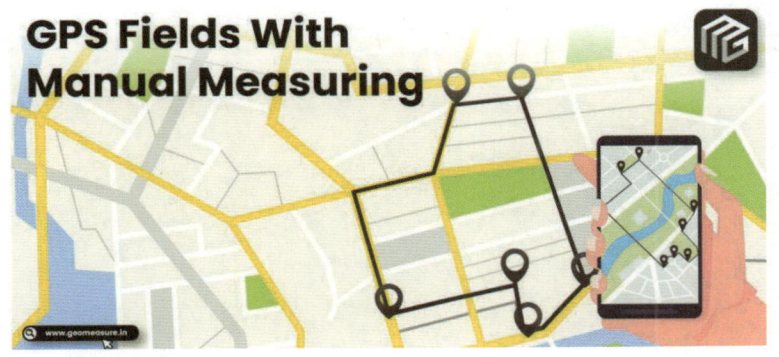

图 10.4.17　基于 GPS 测量的地理测量面积 Geo Measure App

第四篇
制图实践

　　本篇主要介绍手工测绘和计算机绘图的基础知识与实践应用。在手工测绘部分，详细阐述了手工测绘的定义、意义、应用场景以及具体流程，包括准备、勾画草图、测量、整理数据、制图、校核及存档等环节，并介绍了三峡工程和考古测绘的案例。在计算机绘图部分，以 AutoCAD 软件为例，讲解了计算机绘图的基本操作、图形文件操作、显示控制、图层命令及对象捕捉等关键技能，并提供了丰富的实例来指导读者学习如何使用 AutoCAD 绘制直线、矩形、多边形、圆、圆弧和椭圆等基本图形对象，以及如何进行图形编辑。此外，还涉及了文字标注和尺寸标注等高级功能，并通过 Xbox One 控制器的工程图绘制案例，综合展示了计算机绘图在产品设计中的应用。最后，介绍了酷家乐这一智能室内设计平台，通过该平台用户可以快速完成户型设计、家具布置及渲染效果图等，从而提高设计效率。整篇旨在帮助读者掌握从传统手工测绘到现代计算机辅助设计的多样化技能，以适应不同场景下的绘图需求。

第11章 手工测绘

> **知识要点**：掌握手工测绘的方法。
> **能力目标**：培养工程现场即时手工测绘的能力。
> **思政目标**：以手工测绘为切入点，培养学生的工匠精神及实事求是的科学精神。

11.1 手工测绘

11.1.1 手工测绘的意义

手工测绘具有操作方便、便携性好和成本低的特点。从古至今手工测绘在测绘领域一直占有极大的比重，不仅用于日常物品的测绘，还在古建筑与文物等方面发挥着极大的作用。综合运用测量和绘图技术，手工测绘能够记录和表达测绘对象的整体和细节信息，这既是一种最为直接的方法，对于参与者来说，也是一个学习和研究的过程。

手工测绘常用正投影法。在正投影中，当物体的某一面与投影面平行时，投影图形可以反映该面的真实形状和尺寸。正投影法具有实行性、积聚性和相似性等特性，能够客观地反映物体的真实性，以此绘制的图像具有简明、准确及度量性高等优势。

11.1.2 手工测绘的内容及流程

测绘内容根据测绘目的与测绘对象的具体情况确定。其中，测绘对象的价值、构件类型与数量、结构的繁简程度以及特殊做法的有无等诸多因素，均可直接影响测绘内容和测绘工作量。

传统手工测绘的基本流程包括准备、勾画草图、测量、整理数据、制图、校核和存档等环节。其中，具体的方法包括定点连线、拓样及简易摄影测量等。定点连线是通过测定曲线起止点及若干个中间点的位置，然后利用这些点得到光滑曲线，使它们尽量接近或通过所测特征点。拓样则是对于一些异形轮廓、雕刻较浅的纹样或装饰铁件，先用拓样获取轮廓或纹样，再利用拓样量测数据或描画，此方法效率和精度均较高。简易摄影测量就是对于一些雕刻纹样的异形装饰构件，用相机拍摄并测量其大致轮廓尺寸，并在图纸上标注。

11.2 手工测绘的应用场景

11.2.1 工程勘测

工程勘测是为了查明建筑区内的地质地理环境特征及其他与工程建设相关的自然条件而进行的实地勘查和测绘工作，其目的是对自然地理要素或者地表人工设施的形状、大小、空间位置及其属性等进行测定和采集并绘制成图。测绘以标准的地形或地质图作为底图，在勘察场地及其外围观察、量测和描绘与工程直接或间接相关的各种地质要素，为综合绘制工程地质图、初步判定测绘场地的工程地质环境及合理布置勘探和测试工作提供依据。

以三峡水电站为例，三峡水电站，即长江三峡水利枢纽工程，又称三峡工程，是世界上规模最大的水电站，也是我国有史以来建设最大型的工程项目（图 11.2.1）。三峡工程的测绘工作持续时间长、测绘类别多、工程规模大、技术难度高，是巨型水电工程测量的标志性工程。据不完全统计，勘测工作启动半个多世纪以来，长江设计院共完成地形测量及地质测绘约 7000km²，填（编）图 11400km²，小口径钻探 4670 孔，总进尺 41 万 m，大口径（直径 1m）钻探 9 孔 355.6m，洞探 8373m，坑探约 5 万 m³，完成了大量测绘、物探及试验，编制各种地形与地质图件上万幅，各种勘察报告达 300 余本，完成施工地质编录 130 万 m²。

图 11.2.1　三峡工程（郑家裕.《一座来电的城市，是她！》）

11.2.2 考古测绘

考古工作拥有一套完整且规范的流程，从调查勘探、发掘及文物提取修复，到报告整理出版与博物馆展览，在这些关键节点上均需要进行测绘。考古测绘是指田野考古中对遗址地形、发掘探方及各类遗迹和遗物进行的测量与绘图工作（图11.2.2），主要包括遗址测绘和发掘测绘两个重要组成部分。遗址测绘是对遗址的位置、地形、范围、文化堆积断面以及重要遗存现象的记录与测绘，核心在于形成反映遗址环境地貌特征的地形图。发掘测绘主要是对发掘过程中的各类遗迹单位（包括遗物）进行测绘与数据记录，如平面图、剖面图和遗迹图等。

图 11.2.2　考古测绘现场

考古测绘的技术手段多样。考古发掘区遗迹测绘可采用现场手绘、摄影测绘和全息三维激光扫描测绘等形式。大面积的遗迹测绘跟可移动的小型文物的测绘存在区别，现代化的测绘技术更适用于大场景和大遗迹上，相较于手工测绘，精确度会显著提高。文物记录手段包括照片、描述性的文字、拓本和线图等。照片主要是用于特征的强化，具有色泽、质地表达以及超越肉眼视野的优势；文字所叙述的内容包括遗迹的各方面情况和遗物的特征纹样等。

现代测绘无法完全取代手工测绘。考古绘图除了颜色和材质无法充分表现之外，器物的外形和特征均应完整表现出来。拓本是一种传统的记录手段，以黑白两色表现纹样细部的不同层次。然而，再细微和再全景的照片也无法替代考古线图对形状、结构及多视角的精确表达。

图 11.2.3　神人兽面图案及手工测绘图

11.2.3 文物古迹测绘

文物古迹测绘不仅是保存文物数据的方法,也是展示人类文明的有效途径。文物档案是反映文物事业管理、文物保护、研究及利用等工作的历史记录,直接记述了国家在重要文物活动中的原始记录,具有重要现实和历史价值,包括文字、图片、实物和音像记录等具有保存价值的相关资料。

11.2.3.1 中国传统古建筑的田野考察

1933年,中国营造学社成员朱启钤、梁思成、邵力工、王蕴华和莫宗江等人对故宫系列建筑与景观进行测绘。测稿,是在测绘现场绘制的关于被测物徒手勾勒的草图,用于熟悉被测物构造、绘制大体形状及标注记录测量数据,属于现场测绘工作的第一步。测稿上细致且整齐地标注着一系列数据,从两个斗拱间的距离到昂嘴的某个微小弧线,数据数量众多。四年间,他们共测绘了故宫大小建筑数十座(图11.2.4和图11.2.5),绘制测稿总数将近千张,对故宫建筑群的保护及归档等方面作出了重要贡献。

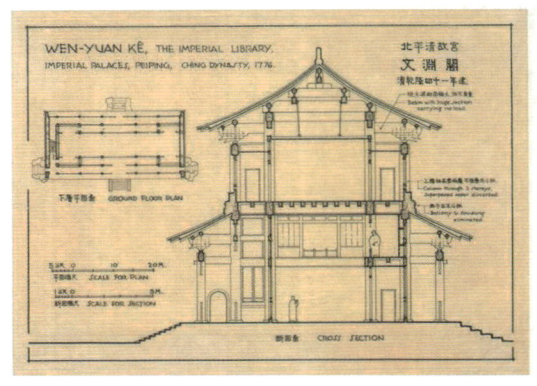

图11.2.4 故宫建筑测绘稿(梁思成.《图像中国建筑史》)

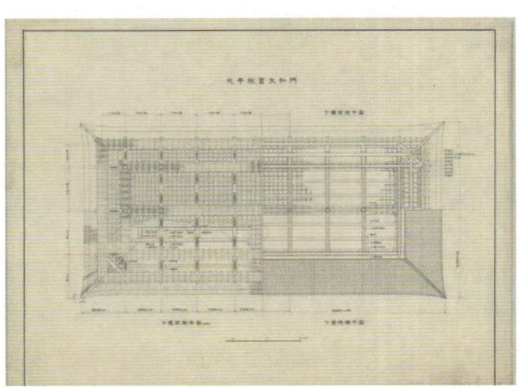

图11.2.5 故宫太和门下檐屋顶平面图稿(营造学社)

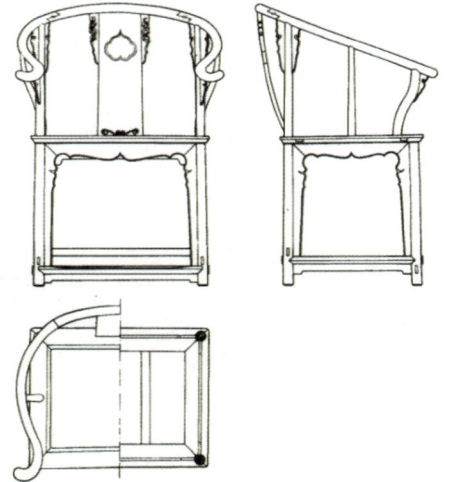

图11.2.6 明黄花梨透雕靠背圈椅及三视图(王世襄.《明式家具珍赏》)

11.2.3.2 中国古典家具的田野考察

明清家具因其造型简练、结构科学及风格典雅的特征,在中国古代家具史上占据极其重要的地位。中国古典家具研究奠基人王世襄先生在开展明式家具研究时,通过民间走访与收藏,对古典家具进行现场测绘,然后绘制测绘图。家具测绘图主要包括以下三种：

（1）平面图。包括传统家具的正视图、侧视图和俯视图的整体尺寸，以及内部构件的细小尺寸、位置及形状，并附文字说明。有些结构复杂且前后差异大的家具需绘制后视图。此外，还需要注明家具的保存现状、表面装饰的完整度、装饰风格、装饰手法及造型等。

（2）剖面图。绘制剖面图的目的是为了便于人们了解家具的内部结构。

（3）大样图。家具测量绘制成图纸大样，尺寸标注精细到毫米，便于随后进行计算机制图。家具大样图应注意整体比例，外观不要脱离实际，运用铅笔起稿，并用绘图笔描图。

11.3 案例实践：公共座椅三视图测绘

实践要求：请对校园的公共座椅进行测绘，并绘制产品三视图。公共座椅不仅使人身心舒适与放松，还能感受生活的情趣与关爱，是场所多功能性及环境质量的具体表现。公共设施的设计涉及生理学、心理学和其他相关的学科知识，通过此项实践，可以洞察公共设施与人们的日常行为及人体尺度的关系。

第一步，校园公共座椅实物调查和分析。第二步，利用测量工具进行测量，数据收集并拍照（图11.3.1）。第三步，根据测量记录，绘制产品三视图（图11.3.2）。

图11.3.1 校园公共座椅

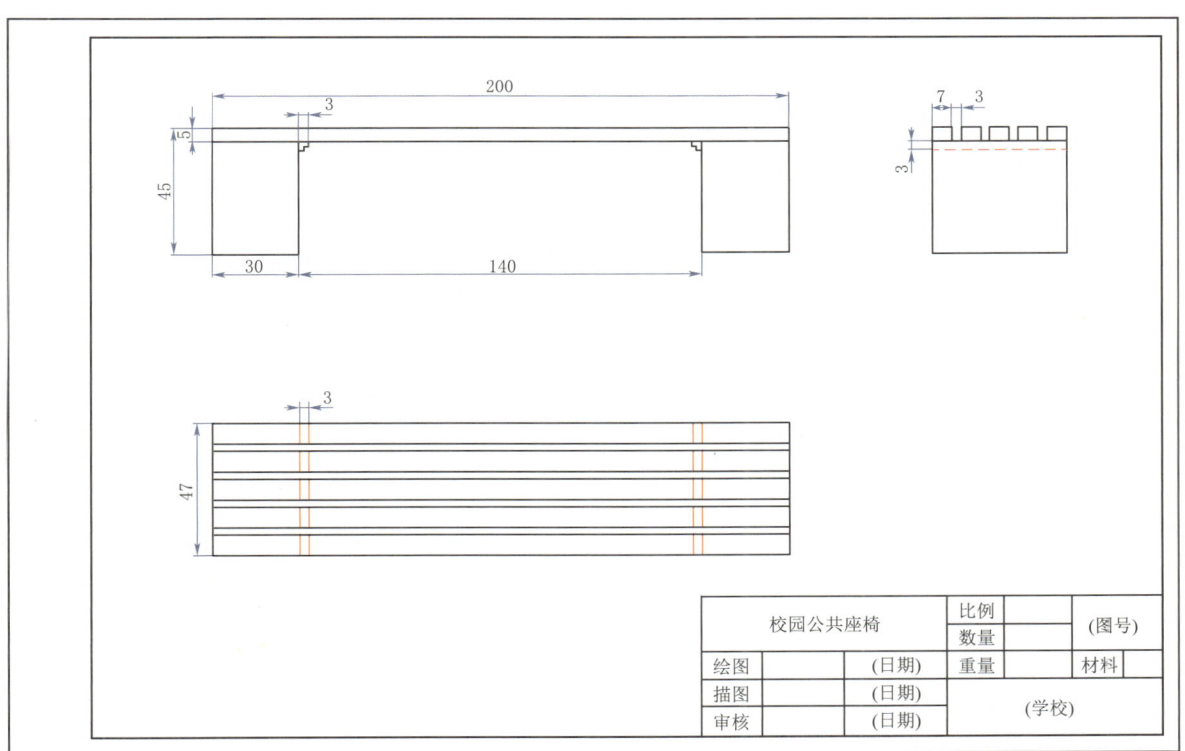

图11.3.2 校园公共座椅测绘图

第12章 计算机绘图基础(AutoCAD)

知识要点： ■ 掌握计算机辅助设计软件 (AutoCAD) 的基础知识。

■ 熟悉 AutoCAD 软件的界面和基本功能。

■ 掌握基本图形对象的绘制命令。

■ 掌握图形对象的编辑命令。

能力目标： ■ 培养运用计算机辅助设计软件精确绘制复杂图形的能力。

■ 熟练使用 AutoCAD 基本操作和界面操作。

■ 熟练绘制基本图形对象。

■ 熟练整合不同编辑命令绘制复杂图形。

思政目标： 以计算机辅助制图为切入点，培养不断求索、勇于接受新鲜事物和整合创新的精神。

12.1 AutoCAD 绘制工程图的基本操作

AutoCAD 软件是由美国欧特克（Autodesk）公司开发的一款计算机辅助设计软件，主要用于二维绘图、绘制设计文档和基本的三维设计，是目前国内外广为流行的绘图工具之一。它可以适用于土木建筑、装饰装潢、工业制图、工程制图、电子工业和服装加工等多个领域。

12.1.1 AutoCAD 的启动

安装 AutoCAD 2022 后，桌面上会出现一个图标，双击该图标或者"开始"菜单，选择"所有程序"→"Autodesk"→"AutoCAD 2022-Simplified Chinese"，或者双击已有的任意一个图形文件（*.dwg），均可以启动 AutoCAD。

12.1.2 用户界面

AutoCAD 2022 的工作空间包含标题栏、快捷访问栏、菜单栏、功能区（选项卡）、命令窗口、绘图区、状态栏等元素，如图 12.1.1 所示。

图 12.1.1 软件界面

微课视频

AutoCAD
制图操作
基础

（1）标题栏。标题栏位于 AutoCAD 2022 的操作界面最上端，显示了系统当前正在运行的应用程序和用户正在使用的图形文件。整个标题栏最左侧的大写字母 A 艺术字图标为"应用程序菜单"。

（2）快捷访问栏。快速访问工具栏位于应用程序菜单右侧，包含 7 个最常用的操作快捷按钮，"新建""打开""保存""另存为""放弃""重做"和"打印"。用户可以单击快速访问工具栏的小三角设置更多常用工具。

（3）菜单栏。在 AutoCAD 2022 标题栏的下方是菜单栏，AutoCAD 2022 采用下拉型菜单，包含子菜单，单击该按钮弹出 AutoCAD 菜单，其中包含大部分常用的绘图命令，后续章节将对这些菜单功能进行详细的讲解。若启动软件后未显示菜单栏，请在应用程序窗口的左上方，在快速访问工具栏的右端，单击下拉菜单箭头图标"显示菜单栏"。

（4）功能区（选项卡）。与 Microsoft Office 类似，功能区（选项卡）作为主要的命令访问点，位于快捷访问栏的下方，用于显示与基于任务的工作空间关联的按钮和控件。每个选项卡包含若干个面板，每个面板包含许多由图标表示的命令按钮。

（5）命令窗口。命令窗口位于窗口的底部，用于接收输入的命令，并显示 AutoCAD 的提示信息。

（6）绘图区。中间大片空白区域是 AutoCAD 的绘图工作区域。绘图区内有一个方形光标。在默认情况下，AutoCAD 的绘图区是黑色背景和白色线条，这不符合大多数用户的习惯。多数用户会修改绘图区的颜色，其操作步骤为：选择菜单栏中的"工具"→"选项"命令（或单击"应用程序菜单"按钮，点击右下角的"选项"），打开"选项"对话框，单击"显示"选项卡，单击"窗口元素"选项组中的"颜色"按钮，在颜色下拉列表框中选择需要的窗口颜色（通常按视觉习惯选择白色为窗口颜色）。

12.1.3 图形文件的基本操作

（1）新建图形文件。执行方式如下：

- 命令行：输入"NEW"。
- 快捷命令：Ctrl+N。
- 菜单栏：选择菜单栏中的"文件"→"新建"命令。
- 快速访问工具栏：单击快速访问工具栏中的"新建"按钮。

执行上述命令后，在系统打开的"选择样板"对话框，选择"acadiso.dwt"公制样板，单击"打开"按钮，进入新图形工作界面。

（2）打开已有图形文件。执行方式如下：

- 命令行：输入"OPEN"。
- 快捷命令：Ctrl+O。
- 菜单栏：选择菜单栏中的"文件"→"打开"命令。
- 快速访问工具栏：单击快速访问工具栏中的"打开"按钮。

执行上述命令后，打开"选择文件"对话框，可打开 *.dwg、*.dwt、*.dwf 和 *.dws 格式文件。

（3）文件保存设置。执行方式如下：

- 命令行：输入"SAVE"或"QSAVE"。
- 快捷命令：Ctrl+S。
- 菜单栏：选择菜单栏中的"文件"→"保存"命令。
- 快速访问工具栏：单击快速访问工具栏中的"保存"按钮。

执行上述命令后，若文件已命名，系统自动保存文件；若文件未命名，则系统打开"图形另存为"对话框。

（4）文件另存为设置。执行方式如下：

- 命令行：输入"SAVEAS"。
- 快捷命令：Ctrl+Shift+S。
- 菜单栏：选择菜单栏中的"文件"→"另存为"命令。
- 工具栏：单击快速访问工具栏中的"另存为"按钮。

执行上述命令后，系统打开"图形另存为"对话框。

（5）文件退出设置。执行方式如下：

- 命令行：输入"QUIT"或"EXIT"。
- 快捷命令：Ctrl+Q。
- 菜单栏：选择菜单栏中的"文件"→"退出"命令。
- 标题栏：单击操作界面右上角的"关闭"按钮。

12.1.4 图形的显示控制

计算机显示屏幕的大小是有限的，为了方便绘图，我们需要对画面进行放大、缩小或平移等操作。显示控制命令通过平移和缩放视图帮助我们更加便捷地使用 AutoCAD 绘制图形。在 AutoCAD 的绘图界面中，按照一定的比例、观察位置和角度显示图形称为视图。视图的控制包括图形的缩放、平移和命名等功能。

（1）缩放视图。缩放命令的作用是放大或缩小对象的显示。执行方式如下：

命令行：输入"ZOOM"，根据提示选择缩放视图的模式，并输入相应参数。

1）实时缩放：滚动鼠标滚轮，执行实时缩放功能。向上拖动光标放大整个图形，向下拖动光标缩小整个图形，释放鼠标后停止缩放。

2）范围缩放（E）：双击滚轮按钮，可以缩放到图形范围，即只显示有图形的区域。当我们想看到已绘制的所有图形的全貌时，"范围缩放"可使用尽可能大的及可包含图形文件中所有对象的放大比例显示视图。此视图包含已关闭图层上的对象，但不包含冻结图层上的对象。图形中所有对象均以尽可能大的尺寸显示，同时又能适应当前视口或当前绘图区域的大小。

3）窗口缩放（W）：在屏幕上拾取两个对角点，确定一个矩形窗口，可以将矩形范围内的图形放大至整个屏幕。

（2）平移视图。平移命令（PAN）的作用则是移动图形，但不改变图形显示的大小。执行方式如下：

按住鼠标滚轮键，将窗口内的图形按照移动的方向移动。

12.1.5 图层命令

AutoCAD 提供了图层工具，可以对每个图层规定其颜色和线型，并将具有相同特征的图形对象放在同一图层，这样绘图时不用分别设置对象的线型和颜色，方便绘图，并可以提高工作效率。

（1）建立新图层。执行方式如下：

- 命令行：输入"LAYER"（快捷命令："LA"）。
- 菜单栏：选择菜单栏中的"格式"→"图层"命令。
- 功能区：选择"图层"选项卡→"图层特性管理器"。

单击"图层特性管理器"对话框中"新建图层"按钮，建立新图层，默认的新图层名为"图层一"。可以根据绘图需要，更改图层名。

在图层属性设置中，包括"状态""名称""开/关闭""冻结/解冻""锁定/解锁""颜色""线型""线宽""透明度""打印样式""打印/不打印""新视口冻结"和"说明"13 个参数。

（2）设置图层。若需改变图层的颜色、线型和线宽，单击图层特性管理器中该图层对应的颜色、线型和线宽图标即可。

12.1.6 对象捕捉

用 AutoCAD 绘图时可以通过已有图形的特征点，如端点、交点和中点等进行精确定位，这种定位方式叫做对象捕捉。每次系统提示在命令内输入点时，对象捕捉可以在对象上指定精确位置。对象捕捉使用频率非常高，利用对象捕捉可以精确且快速地绘图。

例如，使用对象捕捉可以创建从圆心到另一条直线的垂线。在激活对象捕捉的条件下，只需将光标置于圆弧上圆的中心就会出现圆心标志。

执行方式如下：

- 命令行：输入"DDOSNP"或"OSNAP"（快捷命令"OS"），按回车，打开"草图设置"对话框的"对象捕捉"选项卡，可进行对象捕捉设置。
- 快捷命令：按F3键。
- 菜单栏：选择"工具"→"绘图设置"命令，单击"对象捕捉"选项卡。

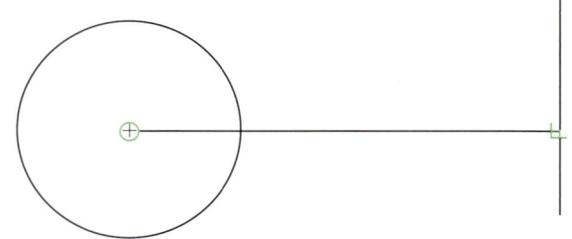

图12.1.2　对象捕捉示例

对象捕捉功能的快捷命令是键盘上的F3键，或者用鼠标左键单击状态栏的"对象捕捉"按钮。鼠标放在"对象捕捉"按钮上，单击鼠标右键选择"对象捕捉设置"，会弹出草图设置对话框，在对象捕捉选项里选择全部。一般在绘图过程中开启端点、中点、交点和中心点，其他点可以按需打开或关闭。

12.1.7　极轴追踪

极轴追踪是指根据给定的极轴角或极轴角的倍数将要指定的点对齐的路径，极轴追踪需要和对象捕捉功能配合使用，也就是状态栏中的极轴追踪按钮和对象捕捉都处于已启用的状态。

执行方式如下：

- 命令行：输入"DSETTINGS"（快捷命令"DS"），打开草图设置，点击"极轴追踪"选项卡进行设置。
- 快捷命令：按F10键。
- 菜单栏："工具"→"绘图设置"，点击"极轴追踪"选项卡进行设置。
- 状态栏：鼠标右键单击"极轴追踪"图标，单击"正在追踪设置"，打开。

极轴追踪面板中增量角的定义是该角度设置完后，当光标移动的位置接近这个数值或者这个数值的倍数时，就会显示追踪路径。附加角的定义是如果开启该功能，表示可以自定义极轴追踪的角度，比如一些特殊的角度值。

12.1.8　动态输入

用AutoCAD绘图时，在图形窗口中的十字光标附近，将显示命令参数并可输入图形的坐标，这种跟随光标的输入方式称为动态输入。默认启用指针输入、标注输入和动态提示功能开启，"动态输入"子选项卡中所有选项皆已勾选。

执行方式如下：

- 命令行：输入"DSETTINGS"（快捷命令"DS"），打开草图设置，点击"动态输入"选项卡进行设置。
- 快捷命令：按F12键。

- 菜单栏：选择"工具"→"绘图设置"命令，点击"动态输入"选项卡进行设置。
- 状态栏：选择"动态输入"。

动态输入可以让用户将注意力集中到图面上，不必再去关注命令行的提示，从而提高用户的绘图效率。一般在绘图过程中均默认开启，极大地方便了绘图操作。

12.2 AutoCAD 绘制图像对象

任何复杂的图形都是由基本对象（如线段、圆弧、矩形和多边形等）组成的。掌握基础图形的命令是学习 CAD 制图的基本要求。

12.2.1 绘制直线

直线类命令包括直线段、射线和构造线。

执行方式如下：

- 命令行：输入"LINE"（快捷命令："L"）。
- 菜单栏：选择"绘图"→"直线"命令。
- 功能区：单击"绘图"面板中的"直线"按钮。

直线命令中各选项含义见表 12.2.1。

微课视频

二维平面图形的绘制（上）

表 12.2.1 直线命令选项含义

选 项	含 义
"指定第一个点"提示	若采用按 Enter 键响应"指定第一个点"提示，系统会把上次绘制图线的终点作为本次图线的起始点。若上次操作为绘制圆弧，按 Enter 键响应后绘出通过圆弧终点并与该圆弧相切的直线段，该线段的长度为光标在绘图区指定的一点与切点之间线段的距离
"指定下一点"提示	在"指定下一点"提示下，用户可以指定多个端点，从而绘出多条直线段。但是，每一段直线是一个独立的对象，可以进行单独的编辑操作
采用输入选项"闭合（C）"提示	绘制两条以上直线段后，若采用输入选项"闭合（C）"提示，系统会自动连接起始点和最后一个端点，从而绘出封闭的图形
采用输入选项"放弃（U）"提示	若采用输入选项"U"响应提示，可删除最近一次绘制的直线段

【例 12.1】用直线命令绘制图 12.2.1 所示图形

单击"绘图"面板中的"直线"按钮，绘制图形。命令行提示与操作如下：

命令：_line；

指定第一个点：0，0（拾取点 A）；

指定下一点或 [放弃（U）]：在极轴追踪辅助线显示为 0° 的水平线时，输入"300"，按回车或者空格键确认数

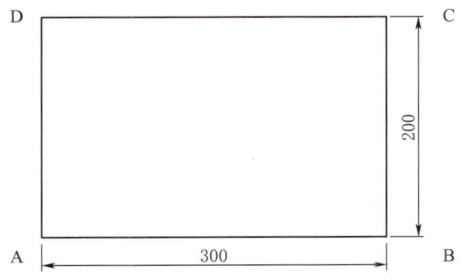

图 12.2.1 直线命令绘图案例

值（拾取点 B）；

指定下一点或［放弃（U）］：在极轴追踪辅助线显示为 90°的竖直线时，输入"200"，按回车或者空格键确认数值（确定拾取点 C）；

指定下一点或［闭合（C）/放弃（U）］：在极轴追踪辅助线显示为 180°的水平线时，输入"300"，按回车或者空格键确认数值（确定拾取点 D）；

指定下一点或［闭合（C）/放弃（U）］：鼠标左键单击 A 点，按 Enter 键结束绘制。

说明：CAD 交互绘图必须输入必要的指令和参数，在命令行中输入坐标时，请检查此时的输入法是否为英文输入。如果是中文输入法，由于","的原因，系统会认为该坐标输入无效，此时将输入法改为英文即可。

12.2.2 绘制矩形

执行方式如下：

- 命令行：输入"RECTANG"（快捷命令："REC"）。
- 菜单栏：选择"绘图"→"矩形"命令。
- 功能区：单击"绘图"面板中的"矩形"按钮。

矩形命令中各选项含义见表 12.2.2。

表 12.2.2　矩形命令选项含义

选　项	含　　义
倒角（C）	指定倒角距离，绘制倒角矩形，如图 12.3（b）所示
标高（E）	指定矩形标高（Z 坐标），即把矩形放置在标高为 Z 并与 XOY 坐标面平行的平面上，并作为后续矩形的标高值
圆角（F）	指定圆角半径，绘制带圆角的矩形，如图 12.3（c）所示
厚度（T）	指定矩形的厚度
宽度（W）	指定线宽
面积（A）	指定面积和长或宽创建矩形
尺寸（D）	使用长和宽创建矩形，第二个指定点将矩形定位在与第一角点相关的 4 个位置之一
旋转（R）	使所绘制的矩形旋转一定角度

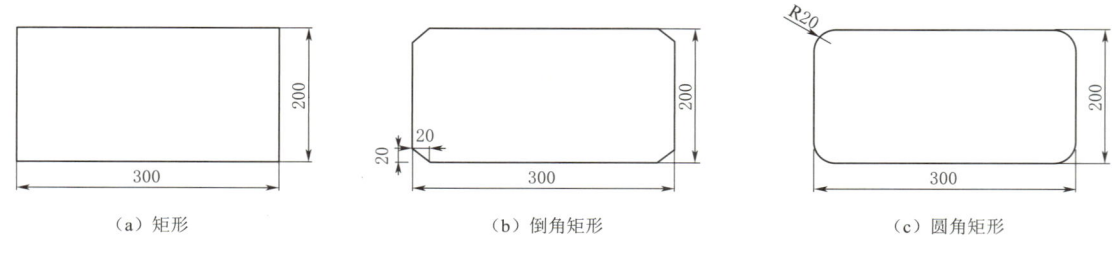

（a）矩形　　　　　　　　（b）倒角矩形　　　　　　　　（c）圆角矩形

图 12.2.2　矩形图形示例

【例 12.2】绘制图 12.2.3 所示的办公桌主视图

（1）单击"默认"选项卡"绘图"面板中的"矩形"按钮，绘制办公桌左边柜体。第一角点（0，0），输入 360，720。如图 12.2.4 所示。

（2）单击"默认"选项卡"绘图"面板中的"矩形"按钮，绘制办公桌下抽屉。矩形第一角点（30，40），输入 300，240。绘制 3 个矩形作为上层抽屉，矩形 1 第一角点（30，300），输入 300，120。矩形 2 第一角点（30，440），输入 300，120。矩形 3 第一角点（30，580），输入 300，120。如图 12.2.5 所示。

（3）单击"默认"选项卡"绘图"面板中的"矩形"按钮，绘制 3 个矩形作为上层抽屉的把手。矩形 1 第一角点（150，355），输入 60，10。矩形 2 第一角点（150，495），输入 60，10。矩形 3 第一角点（150，635），输入 60，10。绘制 1 个矩形作为下层抽屉的把手，矩形第一角点（285，130），输入 5，60。如图 12.2.6 所示。

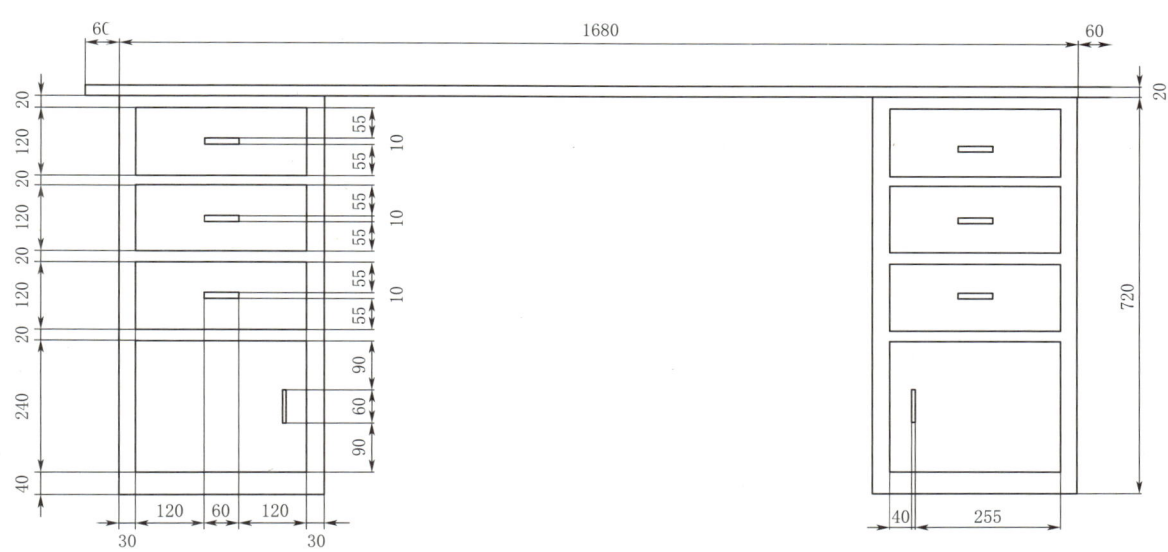

图 12.2.3 办公桌主视图

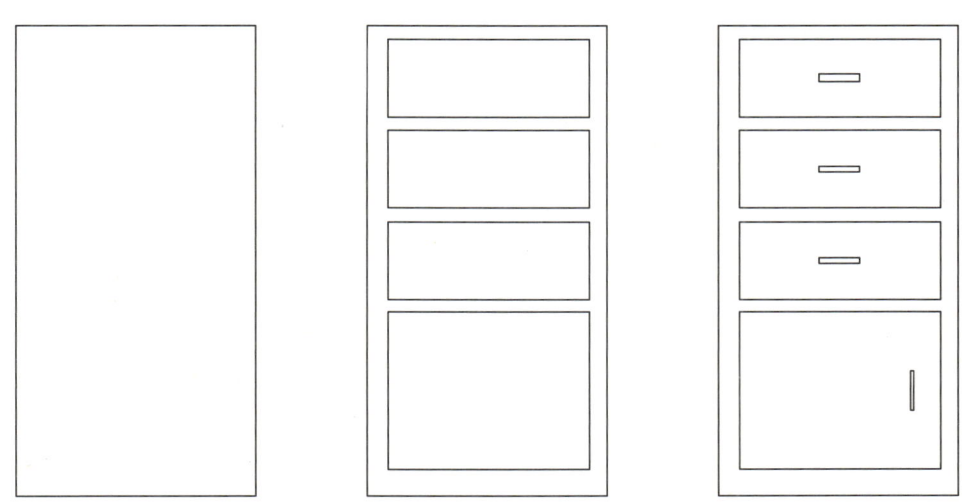

图 12.2.4 办公桌左柜体图形　　图 12.2.5 办公桌抽屉图形　　图 12.2.6 抽屉把手图形

（4）单击"默认"选项卡"绘图"面板中的"矩形"按钮，绘制桌面板。矩形第一角点（-60，720），输入1800，20。如图12.2.7所示。

（5）单击"默认"选项卡"修改"面板中的"镜像"按钮。将前3步绘制的左边柜体以第4步绘制矩形（桌面板）的顶边中点和底边中点的连线为对称轴进行镜像，如图12.2.8所示。

图 12.2.7　桌面板图形

图 12.2.8　绘制完成的办公桌主视图

12.2.3　绘制多边形

使用正多边形命令，可以绘制由3~1024条边组成的正多边形。正多边形的画法有如下三种：①通过指定边长绘制正多边形；②指定圆的半径，选择"外切于圆"选项，绘制多边形外切于假想的圆，如图12.2.9（a）所示；③指定圆的半径，选择"内接于圆"选项，绘制多边形内接于假想的圆，如图12.2.9（b）所示。

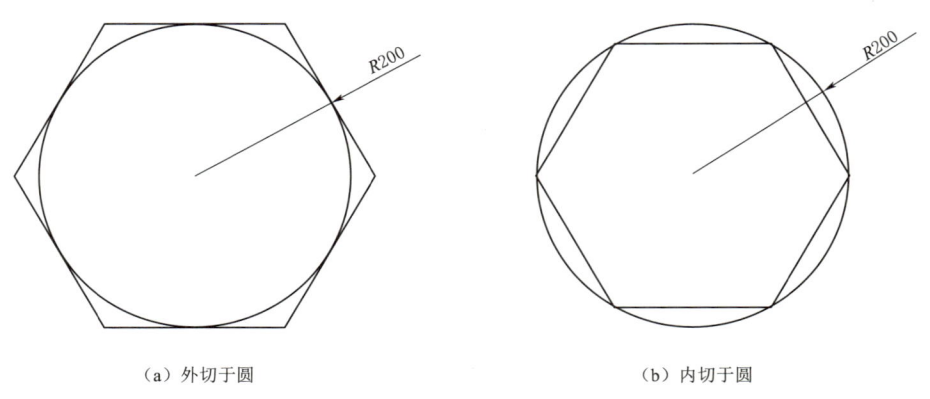

（a）外切于圆　　　　　　　　　　　　　　　（b）内切于圆

图 12.2.9　多边形图形

执行方式如下：
- 命令行：输入"POLYGON"（快捷命令："POL"）。
- 菜单栏：选择"绘图"→"多边形"命令。
- 功能区：单击"绘图"面板中的"多边形"按钮。

【例 12.3】绘制图 12.2.10 所示的八仙桌俯视图

（1）单击"默认"选项卡"绘图"面板中的"多边形"按钮。输入侧面数 8，指定中心点（0,0），绘制内接于半径为 180 的圆的正八边形。

（2）单击"默认"选项卡"绘图"面板中的"多边形"按钮。输入侧面数 8，指定中心点（0,0），绘制内接于半径为 200 的圆的正八边形。如图 12.2.10 所示。

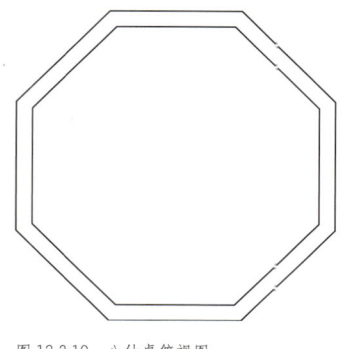

图 12.2.10　八仙桌俯视图

12.2.4　绘制圆

圆命令用于创建一个完整的圆，共包含 6 种绘制圆的方法：①通过指定圆心和半径绘制圆；②通过指定圆心和直径绘制圆；③通过指定圆周上直径"两点"绘制圆；④通过指定圆周上"三点"绘制圆；⑤"相切，相切，半径"绘制圆，即通过指定与圆相切的两个对象（直线、圆弧或圆），并给出圆的半径绘制圆；⑥"相切，相切，相切"绘制圆，即通过指定与圆相切的三个对象绘制圆。

执行方式如下：
- 命令行：输入"CIRCLE"（快捷命令："C"）。
- 菜单栏：选择"绘图"→"圆"命令。
- 功能区：单击"绘图"面板中的"圆"下拉菜单。

微课视频

二维平面图形的绘制（下）

【例 12.4】绘制图 12.2.11 所示的汽车轮毂主视图

（1）单击"默认"选项卡"绘图"面板中的"圆"下拉菜单，选择指定圆心和半径，绘制 3 个圆作为轮胎轮廓，圆心（0,0），半径分别为 500、480 和 420。绘制 1 个圆作为轮心，指定圆心（0,0），半径为 60，如图 12.2.12 所示。

（2）单击"默认"选项卡"绘图"面板中的"多边形"按钮，输入侧面数 5，指定中心点（0,0），绘制外切于半径为 60 的圆的正五边形。单击"默认"选项卡"绘图"面板中的"圆"下拉菜单，选择指定圆心半径，捕捉正五边形最上方顶点为圆心，半径为 12，绘制轮毂螺丝。单击"默认"选项卡"修改"面板中的"阵列"按钮，选择环形阵列，阵列第 2 步绘制的圆，中心点捕捉（0,0），阵列数为 5，如图 12.2.13 所示。

（3）单击"默认"选项卡"绘图"面板中的"直线"按钮，捕捉第 2 步绘制的正五边形最上方顶点，在极轴追踪辅助线显示为 180°的水平线时，输入 30；在极轴追踪辅助线显示为 90 的竖直线时，输入 360。单击"默认"选项卡"修改"面板中的"修剪"按钮，修剪绘制的竖直直线，并以经过正五

微课视频

汽车轮毂主视图的绘制

边形最上方顶点的竖直线为对称轴进行镜像。删除正五边形，如图12.2.14所示。

（4）单击"默认"选项卡"修改"面板中的"阵列"按钮，选择环形阵列，阵列第3步绘制的竖直直线，中心点捕捉（0，0），阵列数为5。删除第3步绘制的水平线。单击"默认"选项卡"绘图"面板中的"直线"按钮，捕捉第3步绘制的竖直直线端点，两两相邻绘制直线，如图12.2.15所示。

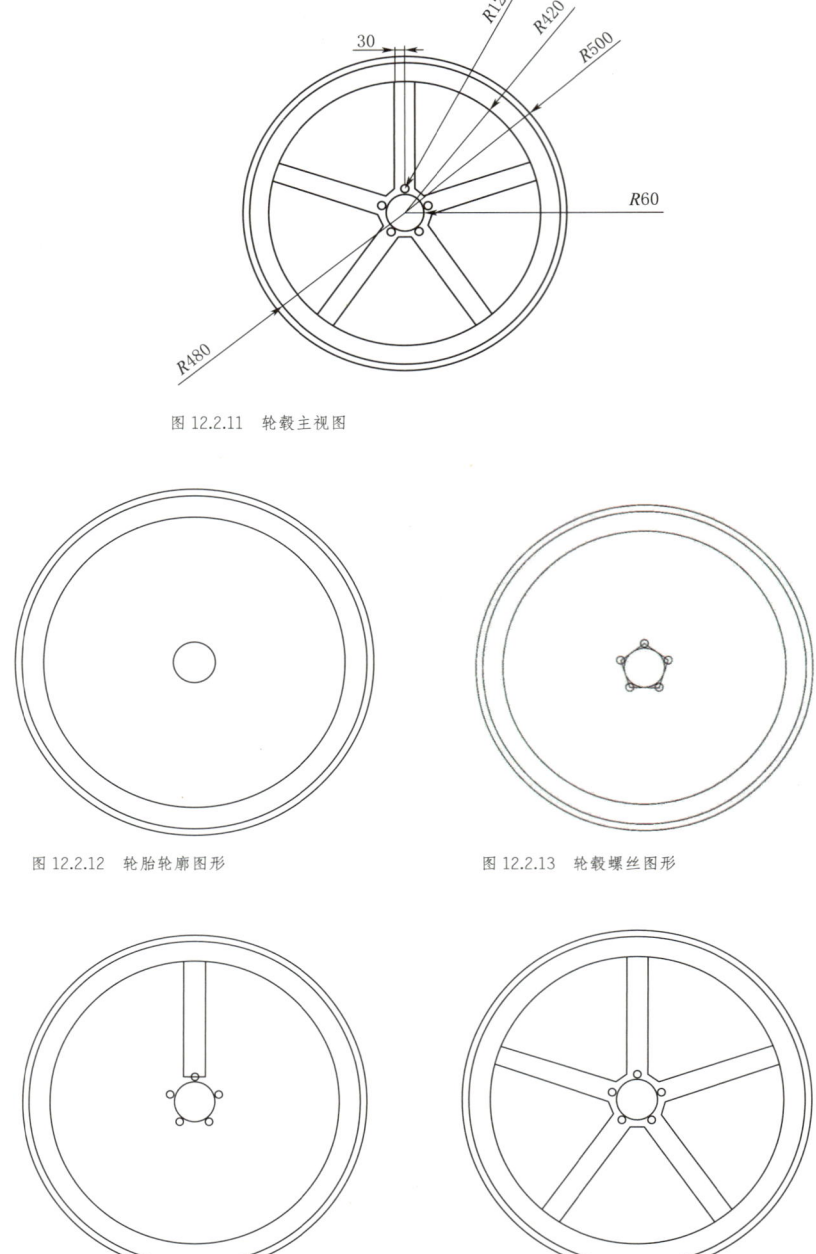

图 12.2.11 轮毂主视图

图 12.2.12 轮胎轮廓图形　　　　图 12.2.13 轮毂螺丝图形

图 12.2.14 绘制轮毂细节　　　　图 12.2.15 绘制完成的轮毂主视图

12.2.5　绘制多段线

多段线命令是用来绘制由直线段和圆弧组合而成的图形。

执行方式如下：

- 命令行：输入"PLINE"（快捷命令："PL"）。
- 菜单栏：选择"绘图"→"多段线"命令。
- 功能区：单击"绘图"面板中的"多段线"按钮。

多段线命令中各选项含义见表 12.2.3。

表 12.2.3 多段线命令选项含义

选 项	含 义
圆弧（A）	绘制圆弧线段，可以指定角度、圆心、方向和半径等参数
半宽（H）	指定从多线段的中心到其一边的宽度
长度（L）	在与上一段相同的角度方向上绘制指定长度的直线段
放弃（U）	删除最近一次添加到多线段上的直线段
宽度（W）	指定下一个线段的起点宽度和端点宽度

12.2.6 绘制圆弧

圆弧命令共包含 11 种绘制圆弧的方法：①指定任意三点；②指定起点、圆心和端点；③指定起点、圆心和角度；④指定起点、圆心和长度；⑤指定起点、端点和角度；⑥指定起点、端点和半径；⑦指定起点、端点和方向；⑧指定圆心、起点和端点；⑨指定圆心、起点和角度；⑩指定圆心、起点和长度；⑪连续。

执行方式如下：

- 命令行：输入"ARC"（快捷命令："A"）。
- 菜单栏：选择"绘图"→"圆弧"命令。
- 功能区：单击"绘图"面板中的"圆弧"下拉菜单。

【例 12.5】绘制图 12.2.16 所示图形

（1）单击"默认"选项卡"绘图"面板中的"直线"按钮，起点在任意位置，极轴追踪辅助线显示为 0°，绘制一条长度为 70 的水平线。单击"默认"选项卡"绘图"面板中的"定数均分"按钮，将绘制的直线均分为 6 份。如图 12.2.17 所示。

说明：操作中若如果没有显示点，单击菜单栏"格式"下拉菜单，选择"点样式"，在弹出的面板中可以更改点的图案和大小。

（2）单击"默认"选项卡"绘图"面板中的"圆弧"下拉菜单，选择"起点，端点，方向"，绘制第 1 个圆弧，起点选择直线左端点，端点捕捉第 1 个等分点，方向输入 90。或可使用快捷命令，在输入窗口输入"A"，显示"ARC 指定圆弧的起点或 [圆心（C）]"，此时点击起点。然后命令行显示"指定第二点或 [圆心（C）端点（E）]"，此时输入"E"，单击第一个等分点作为端点。此时命令行显示"指定圆弧的中心点（按住 Ctrl 键切换方向）或 [角度（A）] [方向（D）] [半径（R）]"，输入"D"，然后输入角度值"90"后按空格结束绘制，绘制第 2 个圆弧，起点捕捉第 1 个等分点，端点捕捉直线右端点，方向输入 -90，如图 12.2.18 所示。

(3)单击"默认"选项卡"绘图"面板中的"圆弧"下拉菜单,选择"起点,端点,方向",绘制第3个圆弧,起点选择直线左端点,端点捕捉第2个等分点,方向输入90。绘制第4个圆弧,起点捕捉第2个等分点,端点捕捉直线右端点,方向输入 –90。绘制第5个圆弧,起点选择直线左端点,端点捕捉第3个等分点,方向输入90。绘制第6个圆弧,起点捕捉第3个等分点,端点捕捉直线右端点,方向输入 –90。绘制第7个圆弧,起点选择直线左端点,端点捕捉第4个等分点,方向输入90。绘制第8个圆弧,起点捕捉第4个等分点,端点捕捉直线右端点,方向输入 –90。绘制第9个圆弧,起点选择直线左端点,端点捕捉第5个等分点,方向输入90。绘制第10个圆弧,起点捕捉第5个等分点,端点捕捉直线右端点,方向输入 –90。如图 12.2.19 所示。

(4)单击"默认"选项卡"绘图"面板中的"圆"下拉菜单,选择"直径两端点"捕捉直线左右端点,绘制圆。如图 12.2.20 所示。

(5)删除直线和点,并进行标注。如图 12.2.16 所示。

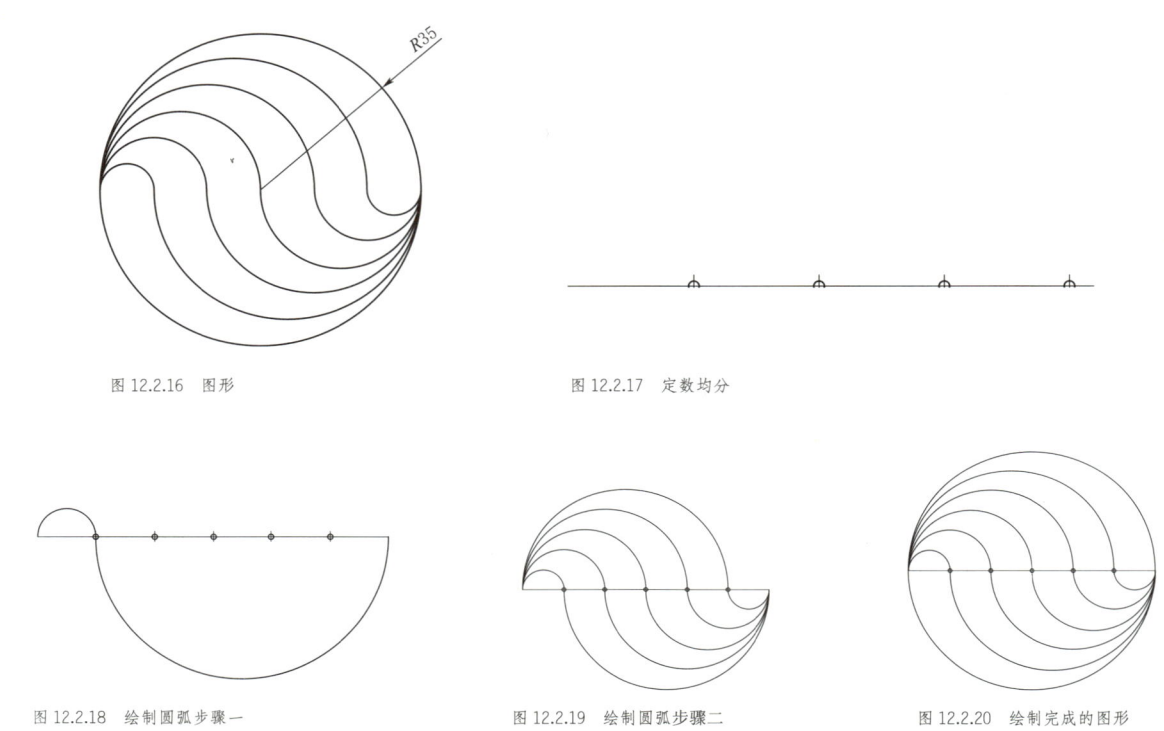

图 12.2.16 图形　　图 12.2.17 定数均分

图 12.2.18 绘制圆弧步骤一　　图 12.2.19 绘制圆弧步骤二　　图 12.2.20 绘制完成的图形

12.2.7　绘制椭圆

执行方式如下:

- 命令行:输入"ELLIPSE"(快捷命令:"EL")。
- 菜单栏:选择"绘图"→"椭圆"命令。
- 功能区:单击"绘图"面板中的"椭圆"下拉菜单。

【例 12.6】绘制图 12.2.21 所示图形

(1)单击"默认"选项卡"绘图"面板中的"直线"按钮,绘制辅助线,起点在任意位置,极轴追踪辅助线显示为 0°，绘制一条长度为 50 的水平线。捕捉水平线的中点为起点，极轴追踪辅助线显示为 90°，在水平线上方绘制一条长度为 50 的竖直线。捕捉水平线的中点为起点，极轴追踪辅助线显示为 90°，在水平线下方绘制一条长度为 25 的竖直线，如图 12.2.22 所示。

（2）单击"默认"选项卡"绘图"面板中的"椭圆"下拉菜单，选择"椭圆弧"。绘制第 1 个椭圆弧，端点捕捉依次点击第 1 步绘制的水平线的左右端点和竖直线的上端点，此时显示"指定起点角度或 [参数 (P)]"，选择角度捕捉水平线右端点为起点（或输入角度值 90），水平线左端点为终点指定端点（或输入角度值 270）。绘制第 2 个椭圆弧，端点捕捉依次点击第 1 步绘制的水平线的左右端点和竖直线的下端点，选择角度捕捉水平线左端点为起点，右端点为终点，或输入角度值 180，如图 12.2.23 所示。

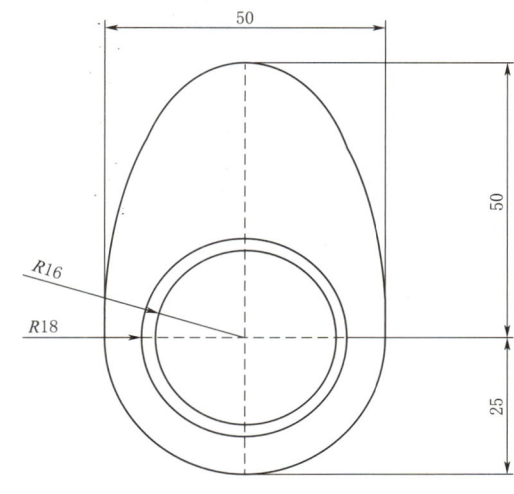

图 12.2.21　例图图形

（3）单击"默认"选项卡"绘图"面板中的"圆"下拉菜单，选择指定圆心和半径，捕捉水平线中点为圆心，半径 16，绘制第一个圆。捕捉水平线中点为圆心，半径 18，绘制第二个圆，如图 12.2.24 所示。

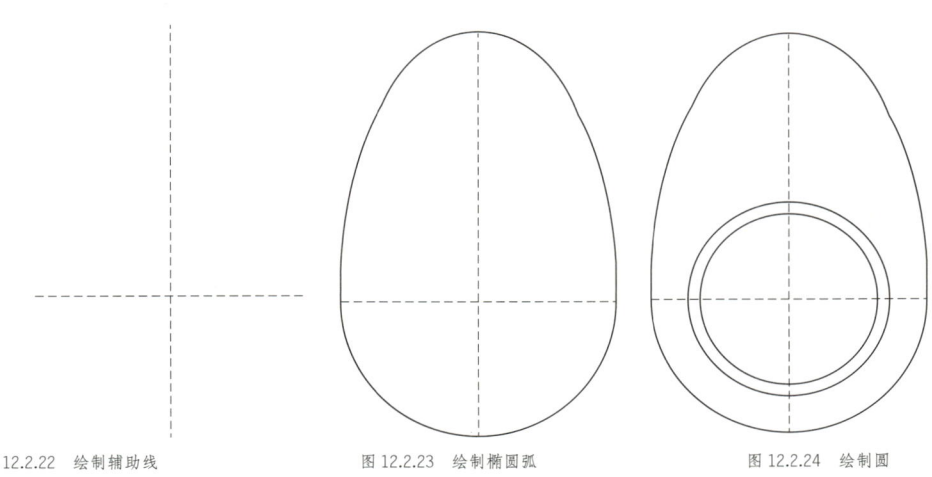

图 12.2.22　绘制辅助线　　　图 12.2.23　绘制椭圆弧　　　图 12.2.24　绘制圆

12.2.8　案例实践

【例 12.7】绘制图 12.2.25 所示的零件图形

（1）创建中心线图层，图层命名为中心线，颜色为黑色，线形为"center"，将中心线图层设置为当前图层。

（2）单击"绘图"面板中的"直线"按钮，绘制辅助线，起点在（0，0），极轴追踪辅助线显示为 0°，绘制一条长度为 130 的水平点划线。捕捉水平线的中点为起点，极轴追踪辅助线显示为 90°，

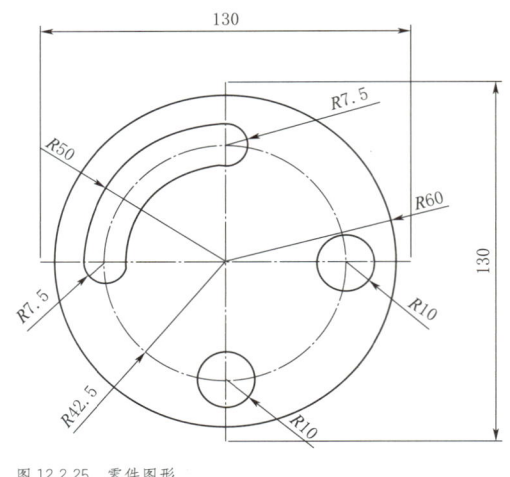

图 12.2.25 零件图形

在水平线上方绘制一条长度为 65 的竖直线。捕捉水平线的中点为起点,极轴追踪辅助线显示为 90°,在水平线下方绘制一条长度为 65 的竖直点划线。单击"默认"选项卡"绘图"面板中的"圆"下拉菜单,选择指定圆心和半径,绘制以两条中心线的交点为圆心,半径为 42.5 的圆。

(3)创建新图层,设置为当前图层。单击"默认"选项卡"绘图"面板中的"圆弧"下拉菜单,选择"圆心,起点,角度",以两条中心线交点为圆心,输入点(0,50)为起点,角度输入 90,绘制第 1 条圆弧。以两条中心线交点为圆心,输入点(0,35)为起点,角度输入 90,绘制第 2 条圆弧。以水平点划线与圆点划线左交点为圆心,捕捉第 3 步绘制的第 1 条圆弧下端点为起点,角度输入 180,绘制第 3 条圆弧。以竖直点划线与圆点划线上交点为圆心,捕捉第 3 步绘制的第 2 条圆弧上端点为起点,角度输入 180,绘制第 4 条圆弧。

(4)单击"默认"选项卡"绘图"面板中的"圆"下拉菜单,选择指定圆心和半径,以水平点划线与圆点划线右交点为圆心,半径为 10,绘制第 1 个圆。以竖直点划线与圆点划线下交点为圆心,半径为 10,绘制第 2 个圆。以两条中心线交点为圆心,半径为 60,绘制第 3 个圆。

12.3 基本编辑命令

12.3.1 选择对象的方法

(1)直接选择。表示直接通过点取的方式选择对象,被选中的对象会高亮显示。继续点击可以增加选择对象,按住 shift 键点取可减少选择对象。

(2)全选。按 Ctrl+A 键可选择全部对象。

(3)框选。框选可分为"窗选"和"窗交"两种方式。窗选是指,在一点单击鼠标左键,移动鼠标并在右侧一点单击鼠标左键,出现矩形窗口选择框,完全在选择框内的对象被选中(如果是按住鼠标左键不放,拖动鼠标可绘制出一个半透明的不规则图形选择框)。窗交是指,在一点单击鼠标左键,移动鼠标并在左侧一点单击鼠标左键,出现矩形窗口选择框,完全在选择框内的物体和与框相交的对象都会被选中。

(4)上一个(L)。在"选择对象"提示下输入"L",按"Enter"键,系统自动选择最后绘出的一个对象。

12.3.2 删除命令

(1)执行方式如下:

- 命令行:输入"ERASE"(快捷命令:"E"或按 Delete 键)。
- 菜单栏:选择菜单栏中的"修改"→"删除"命令。
- 功能区:单击"默认"选项卡"修改"面板中的"删除"按钮。

(2)基本步骤如下：

1）选择对象。

2）按 del 键。

12.3.3 移动命令

微课视频

AutoCAD
基本编辑
命令

移动对象是指对象的重新定位，选择移动命令，即可在指定方向上，按照指定距离移动对象的位置发生改变，但是方向和大小不改变。

(1)执行方式如下：

- 命令行：输入"MOVE"（快捷命令："M"）。
- 菜单栏：选择菜单栏中的"修改"→"移动"命令。
- 功能区：单击"默认"选项卡"修改"面板中的"移动"按钮。

(2)基本步骤如下：

1）选择对象。

2）输入快捷命令"M"。

3）指定基点。

4）指定第二个点，即需要移动到的目的地点。

12.3.4 旋转命令

选择旋转命令，将对象围绕基点旋转指定的角度，选择需要旋转的对象，并且指定旋转的基点，输入角度值，可以将对象围绕基点旋转，角度为正值时为逆时针旋转，角度为负值时，为顺时针旋转。

(1)执行方式如下：

- 命令行：输入"ROTATE"（快捷命令："RO"）。
- 菜单栏：选择菜单栏中的"修改"→"旋转"命令。
- 功能区：单击"默认"选项卡"修改"面板中的"旋转"按钮。

(2)基本步骤如下：

1）选择对象。

2）输入快捷命令"RO"。

3）指定基点。

4）指定旋转角度。

12.3.5 阵列命令

阵列命令分为矩形阵列、路径阵列和环形阵列。在进行矩形阵列命令时，选择阵列对象，设定行数、列数、行间距及列间距等数值，对象会自动进行矩形分布；进行路径阵列时，先选择对象，再选择路径，对象会沿路分布，想要修改则可以在命令栏中选择相应的选项进行修改；在进行环形阵列时，选择阵列对像，指定列阵中心，设定相关参数，对象可绕中心环状分布。

(1)执行方式如下：

- 命令行：输入"ARRAY"（快捷命令："AR"）；
- 菜单栏：选择菜单栏中的"修改"→"阵列"命令，需要阵列方式；
- 功能区：单击"默认"选项卡"修改"面板中的"矩形阵列"按钮，单击按钮右侧的下拉标，其他列阵方式。

(2)基本步骤如下：

1）单击"矩形阵列"按钮。
2）选择对象。
3）指定行数、列数、行间距、列间距。
4）按 Enter 键完成，退出。

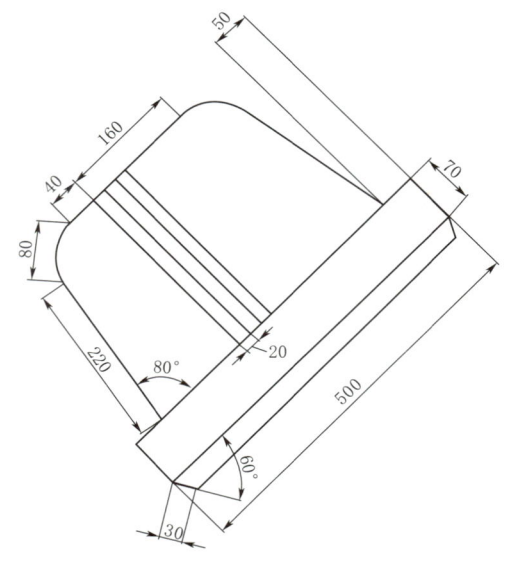

图 12.3.1　电脑俯视图

【例 12.8】绘制图 12.3.1 所示的电脑俯视图

（1）输入"矩形"快捷命令"REC"按空格键确认，绘制矩形。单击"默认"选项卡"绘图"面板中的"多段线"按钮或输入快捷命令"PL"。绘制计算机外框。绘制结果如图 12.3.2（a）所示。

（2）输入"直线"快捷命令"L"按空格键确认，绘制直线。绘制结果如图 12.3.2（b）所示。

（3）单击"默认"选项卡"修改"面板中的"矩形阵列"按钮或输入快捷命令"AR"，阵列对象为步骤 2 中绘制的直线，行数设为 1，列数设为 4，列间距设为 20，绘制结果如图 12.3.2（c）所示。

（4）单击"默认"选项卡"修改"面板中的"旋转"按钮或输入快捷命令"RO"，旋转绘制的计算机图形，如图 12.3.1 所示。

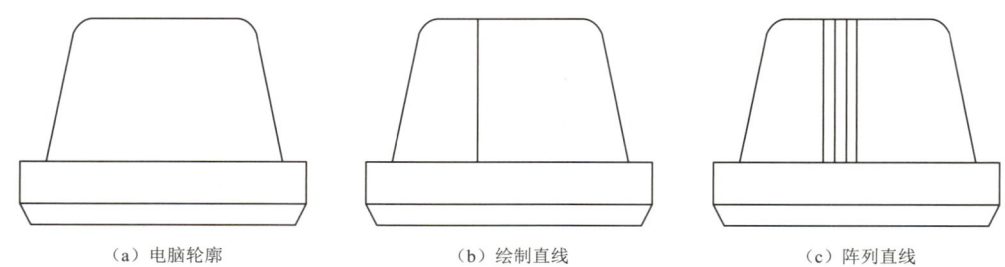

（a）电脑轮廓　　　　　　　（b）绘制直线　　　　　　　（c）阵列直线

图 12.3.2　绘制步骤

12.3.6　复制命令

(1)执行方式如下：

- 命令行：输入："COPY"（快捷命令："CO"）。
- 菜单栏：选择菜单栏中的"修改"→"复制"命令。
- 功能区：单击"默认"选项卡"修改"面板中的"复制"按钮。

(2)基本步骤如下：

1）选择对象。

2）输入"CO"。

3）指定基点。

4）指定第二点。

5）按 Enter 键。

12.3.7 偏移命令

偏移命令是保持选择对象的形状并在不同的位置以不同尺寸大小新建一个对象。

（1）执行方式如下：

- 命令行：输入"OFFSET"（快捷命令："O"）。
- 菜单栏：选择菜单栏中的"修改"→"偏移"命令。
- 功能区：单击"默认"选项卡"修改"面板中的"偏移"按钮。

（2）基本步骤如下：

1）选择对象。

2）输入"O"。

3）输入偏移距离。

4）鼠标移动指定偏移方向。

5）按 Enter 键。

【例 12.9】绘制图 12.3.3 的显示器主视图

（1）输入"矩形"快捷命令"REC"按空格键确认，绘制第一角点（0，0）和第二角点（1600，900）的1个矩形（或输入"0，0"作为第一点，然后输入"1600"确定长度，按"TAB"键切换至宽度输入框并输入"900"）绘制显示器外框。单击"默认"选项卡"修改"面板中的"偏移"按钮或输入快捷命令"O"，将上步绘制的矩形进行偏移，选择矩形内侧，偏移距离80，绘制显示屏边界。单击"默认"选项卡"修改"面板中的"偏移"按钮，将上步偏移后的矩形进行偏移，选择矩形内侧，偏移距离20，绘制显示屏内边界，如图 12.3.4 所示。

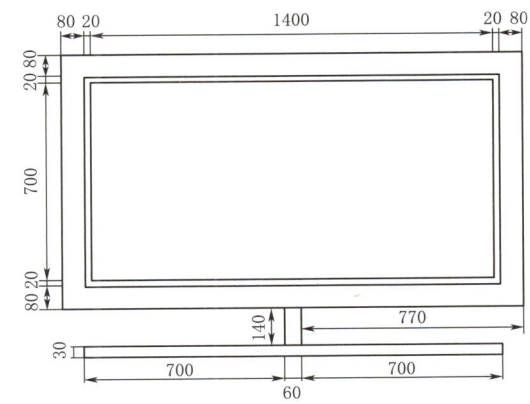

图 12.3.3 显示器主视图

（2）输入"矩形"快捷命令"REC"按空格键确认，绘制第一个角点（0，770）和第二个角点（830，-140）的矩形（或输入"0，770"作为第一点，然后输入"60"确定长度，按"TAB"键切换至宽度输入框输入"140"），再次输入"REC"按空格键确认，绘制第一个角点（70，-140）和第二个角点（1530，-170）的矩形（或输入"70，-140"作为第一点，然后输入"1460"确定长度，按'TAB'

键切换至宽度输入框输入"30"），如图 12.3.5 所示。

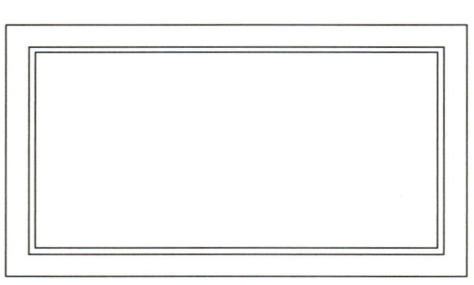

图 12.3.4　绘制显示屏

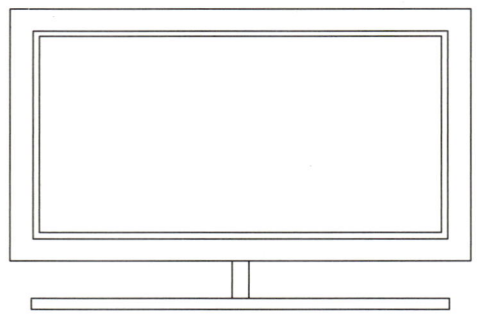

图 12.3.5　绘制显示器底座

12.3.8　镜像命令

选择镜像命令，将选择对象以一条镜像线为轴对称复制。选择镜像的对象，指定镜像线上的两个端点，键入 Enter 键，镜像复制对象。镜像完成后，可以保留源对象，也可以将其删除。

（1）执行方式如下：

- 命令行：输入"MIRROR"（快捷命令："MI"）。
- 菜单栏：选择菜单栏中的"修改"→"镜像"命令。
- 功能区：单击"默认"选项卡"修改"面板中的"镜像"按钮。

（2）基本步骤如下：

1）选择对象。

2）输入"MI"。

3）指定线第一点和第二点。

4）选择是否删除原对象。

12.3.9　修剪命令

使用修剪命令，以指定的剪切边为界修建选定的图形对象。

（1）执行方式如下：

- 命令行：输入"TRIM"（快捷命令："TR"）。
- 菜单栏：选择菜单栏中的"修改"→"修剪"命令。
- 功能区：单击"默认"选项卡"修改"面板中的"修剪"按钮。

（2）基本步骤如下：

1）输入"TR"。

2）鼠标左键点击想要去除的对象。

【例 12.10】绘制图 12.3.6 所示的音叉图形

（1）输入"矩形"快捷命令"REC"按空格键确认，绘制第一个角点（0，0）和第二个角点（-10，90）的矩形（或输入"0，0"作为第一点，然后输入"10"确定长度，按"TAB"键切换至宽度输入框输入"90"）。单击菜单栏中的"修改"→"复制"命令或输入快捷命令"CO"，指定所作矩形为对象，指定矩形右上角为第一基点，输入数值"50"，方向标水平向右，完成命令得到第二个矩形。输入"矩形"快捷命令"REC"按空格键确认，绘制第一个角点（16，-25）和第二个角点（24，-60）的矩形（或输入"16，-25"作为第一点，然后输入"8"确定长度，按"TAB"键切换至宽度输入框输入"35"），如图 12.3.7（a）所示。

（2）输入"圆弧"快捷命令"ARC"按空格键确认，依次端点捕捉左上矩形的左下角点、中下矩形的上边中点、右上矩形的右下角点，绘制外侧圆弧。单击"默认"选项卡"修改"面板中的"偏移"按钮，默认依次点击右侧矩形的右下和左下角点确定偏移距离，点击作出的外侧曲线为偏移对象，移动鼠标确定偏移方向，单机左键完成偏移。如图 12.3.7（b）所示。

（3）拉伸中间矩形至矩形侧线与内侧圆弧相交。输入"圆"的快捷命令"C"按空格键确认，在输入"2P"选择两点的方式，依次捕捉侧线与内侧圆弧的两个交点，绘制圆。输入"直线"快捷命令"L"按空格键确认，绘制两条直线，如图 12.3.7（c）所示。

（4）单击"默认"选项卡"修改"面板中的"修剪"按钮或输入快捷命令"TR"，修剪多余图线，修剪结果如图 12.3.6 所示。

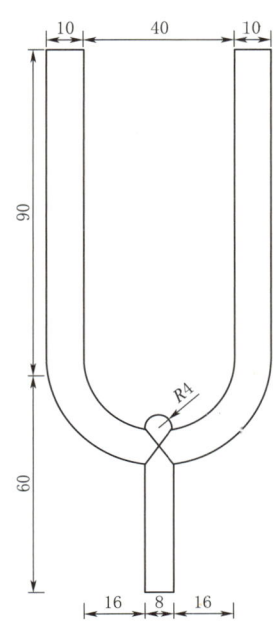

图 12.3.6 音叉图形

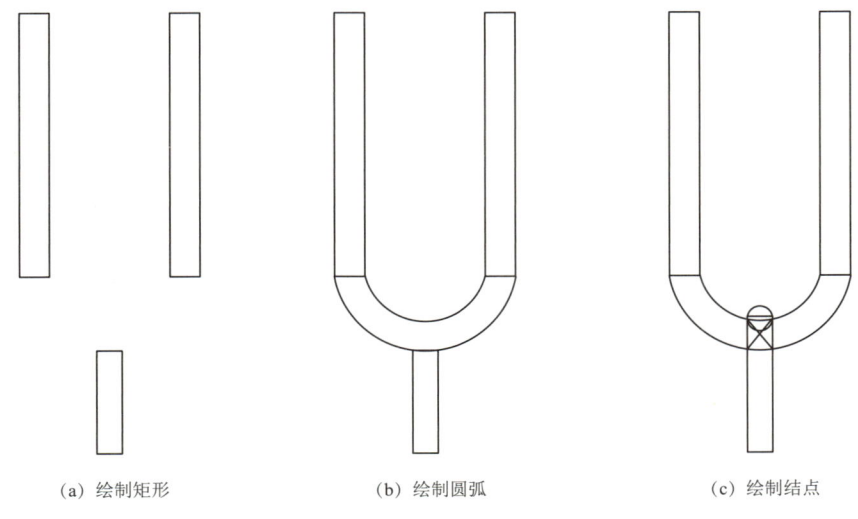

(a) 绘制矩形　　　　(b) 绘制圆弧　　　　(c) 绘制结点

图 12.3.7 绘制步骤

12.3.10 延伸命令

延长指定的对象到另一对象的边界线。

（1）执行方式如下：
- 命令行：输入"EXTEND"（快捷命令："EX"）。
- 菜单栏：选择菜单栏中的"修改"→"延伸"命令。
- 功能区：单击"默认"选项卡"修改"面板中的"延伸"按钮。

（2）基本步骤如下：
1）输入"EX"。
2）指定命令对象。
3）延伸对象至想要的效果。

【例 12.11】绘制图 12.3.8 所示的玻璃杯图形

（1）输入"直线"快捷命令"L"按空格键确认，绘制起点为(0,0)，指定角度95°、长度55mm的直线。

（2）输入"镜像"快捷命令"MI"按空格键确认，指定所作直线为对象，指定第一点(22,0)、第二点(22,60)，点击"否"完成镜像。单击"绘图"面板中的"椭圆""轴，端点"按钮，依次点击两直线的上端点，输入"2.5"的另一轴长。单击"默认"选项卡"绘图"面板中的"圆弧""起点，端点，半径"按钮，依次点击两直线下端点，输入"70"。绘制玻璃杯的外轮廓，如图12.3.9(a)所示。

（3）输入偏移快捷命令"O"按空格键确认，指定所作圆弧为对象，移动鼠标指定方向为内侧，输入"6"。如图12.3.9(b)所示。

（4）输入延伸快捷命令"EX"按空格键确认，将偏移之后的圆弧延伸，如图12.3.9(c)所示。

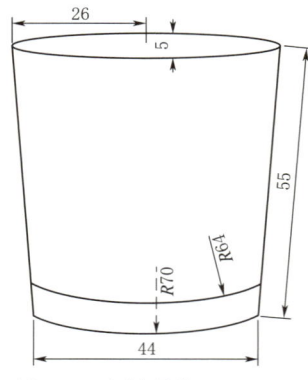

图12.3.8 玻璃杯图形

(a) 玻璃杯外轮廓　　　　(b) 偏移命令　　　　(c) 延伸命令

图12.3.9 制图步骤

12.3.11　缩放命令

将对象按照指定的比例因子相对基点进行尺寸缩放。选择对象，指定基点，新长度值大于参照长度值时，放大对象；反之，缩小对象。

（1）执行方式如下：

- 命令行：输入"SCALE"（快捷命令："SC"）。
- 菜单栏：选择菜单栏中的"修改"→"缩放"命令。
- 功能区：单击"默认"选项卡"修改"面板中的"缩放"按钮。

（2）基本步骤如下：

1）选择对象。

2）输入"SC"。

3）指定基点。

4）滑动鼠标指定缩放比例或键盘输入缩放比例。

5）鼠标左键或"Enter"结束命令。

缩放命令中各个选项含义如表 12.3.1 所示。

表 12.3.1　缩放命令选项意义

选　项	含　义
"指定基点"提示	选择缩放的中心基点
"按指定比例因子"提示	在该提示下，用户可以选择两种方式指定比例因子： ①鼠标滑动到想要位置点击鼠标左键； ②键盘输入指定的比例数值
采用输入选项"复制（C）"提示	输入"C"或点击"复制（C）"按钮，指定缩放比例因子，会在执行缩放命令同时保留源对象
采用输入选项"参照（R）"提示	输入"R"或点击"参照（R）"按钮，出现"指定参照长度"提示，点击绘图区指定参照长度的第一点，出现"指定第二点"提示，点击绘图区指定第二点
"指定新长度"提示	在该提示下，用户可以选择两种方式指定新长度： ①鼠标滑动到想要位置点击鼠标左键； ②键盘输入指定的长度数值
采用输入选项"点（P）"提示	输入"P"或点击"点（P）"按钮，出现"指定第一点"提示，在绘图区指定第一点没出现"指定第二点"提示，在绘图区指定第二点，完成缩放

12.3.12　倒角命令

倒角命令即斜角命令，为对象绘制倒角，可以通过指定两个斜线距离或者指定斜线角度和一个斜线距离确定两个物体的连线。

（1）执行方式如下：

- 命令行：输入"CHAMFER"（快捷命令："CHA"）。
- 菜单栏：选择菜单栏中的"修改"→"倒角"命令。
- 功能区：单击"默认"选项卡"修改"面板中的"倒角"按钮。

（2）基本步骤如下：

1）输入"CHA"。

2）指定第一条直线。

3）指定第二条直线，要注意两直线不存在关联。

倒角命令中各个选项含义如表 12.3.2 所示。

表 12.3.2　倒角命令选项意义

选　项	含　　义
"选择第一条直线"提示	选择两个对象中的第一个对象来定义倒角
"选择第二条直线，或按住 Shift 选择直线以应用角点"提示	①选择二维多段线的第二对象或线段，来定义倒角； ②也可以按住 Shift 键，然后选择第二个对象来延伸或修剪选定对象以形成锐角。按住 Shift 键时，临时值零将指定给当前倒角的距离和角度值
采用输入选项"多段线（P）"提示	在二维多段线中两条直线段相交的每个顶点处插入倒角线。倒角线将成为多段线的新线段，除非"修剪"选项设置为"不修剪"
采用输入选项"距离（D）"提示	设置距第一个对象和第二个对象的交点的倒角距离。如果这两个距离值均设置为零，则选定对象或线段将被延伸或修剪，以使其相交
采用输入选项"角度（A）"提示	设置距选定对象的交点的倒角距离，以及与第一个对象或线段所成的 XY 角度。如果这两个值均设置为零，则选定对象或线段将被延伸或修剪，以使其相交
采用输入选项"修剪（T）"提示	控制是否修剪选定对象以与倒角线的端点相交； ①修剪。选定的对象或线段将被修剪，以与倒角线的端点相交。如果选定的对象或线段不与倒角线相交，则在添加倒角线之前，将对它们进行延伸或修剪； ②不修剪。在添加倒角线前，选定的对象或线段不会被修剪
采用输入选项"方式（T）"提示	控制如何根据选定对象或线段的交点计算出倒角线； ①距离。倒角线由两个距离定义； ②角度。倒角线由一个距离和一个角度定义
采用输入选项"多个（M）"提示	允许为多组对象创建斜角

12.3.13　圆角命令

圆角命令，用一条指定半径的圆弧平滑连接两个对象。

（1）执行方式如下：

- 命令行：输入"FILLET"（快捷命令："F"）。
- 菜单栏：选择菜单栏中的"修改"→"圆角"命令。
- 功能区：单击"默认"选项卡"修改"面板中的"圆角"按钮。

（2）基本步骤如下：

1）输入"F"。

2）指定第一条直线。

3）指定第二条直线，要注意两直线不存在关联。

圆角命令中各个选项含义如表 12.3.3 所示。

表 12.3.3 圆角命令选项意义

选 项	含 义
"选择第一个对象"提示	选择两个对象中的第一个或二维多段线的第一条线段以定义圆角
"选择第二个对象,或按住 Shift 键选择对象以应用角点"提示	①选择第二个对象或二维多段线的第二条线段以定义圆角; ②按住 Shift 键,然后选择第二个对象或二维多段线的第二条线段来延伸或修剪选定对象以形成锐角。在按住 Shift 键时,将为当前圆角半径值分配临时的零值
采用输入选项"多段线(P)"提示	在二维多段线中两条直线段相交的每个顶点处插入圆角。圆角成为多段线的新线段(除非"修剪"选项设置为"不修剪")
采用输入选项"半径(R)"提示	设置后续圆角的半径;更改此值不会影响现有圆角
采用输入选项"修剪(T)"提示	当决定圆滑连接两条边时,是否修剪这两条边
采用输入选项"多个(M)"提示	同时对多个对象进行圆角编辑,而不必重新使用命令

12.3.14 打断命令

打断命令可以使对象分解成两部分,在对象上指定一点,将对象拆分成两部分。

(1)执行方式如下:

- 命令行:输入"BREAK"(快捷命令:"BR")。
- 菜单栏:选择菜单栏中的"修改"→"打断"命令。
- 功能区:单击"默认"选项卡"修改"面板中的"打断"按钮。

(2)基本步骤如下:

1)输入"BR"。

2)选择对象。

3)指定第一打断点。

4)指定第二打断点。

12.3.15 分解命令

分解命令是一个将合成图形分解成部件的命令工具,例如一个三角形被分解后变成 3 条直线。

(1)执行方式如下:

- 命令行:输入"EXPLODE"(快捷命令:"X")。
- 菜单栏:选择菜单栏中的"修改"→"分解"命令。
- 功能区:单击"默认"选项卡"修改"面板中的"分解"按钮。

(2)基本命令如下:

1)输入"X"。

2)选择对象。

【例 12.12】绘制图 12.3.10 所示的沙发俯视图

（1）输入"矩形"快捷命令"REC"，按空格键确认，输入"F"选择圆角，输入"2"指定圆角半径，绘制第一个角点（0，0）和第二个角点（8，20）的圆角矩形（或者输入"0，0"作为第一点，然后输入"8"确定长度，按Tab键切换至宽度输入框并输入"20"）。再次输入"REC"，按空格键确认，输入"F"，按空格键确认，再次按空格键确认，圆角半径"2"，绘制第一个角点（4，4）和第二个角点（64，-4）的圆角矩形（或者输入"4，4"作为第一点，然后输入"60"确定长度，按Tab键切换至宽度输入框并输入"8"）。

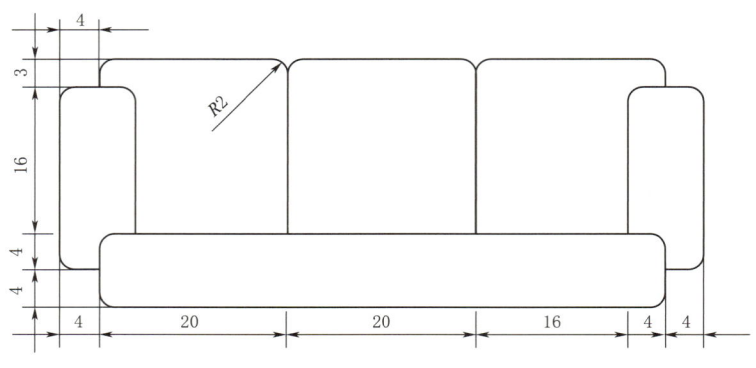

图 12.3.10　沙发俯视图

（2）输入"复制"快捷命令"CO"，按空格键确认，选择左侧圆角矩形为对象，向右复制，距离为60，得到第三个圆角矩形。输入"修剪"快捷命令"TR"，按空格键确认，修改沙发轮廓。如图12.3.11所示。

图 12.3.11　绘制沙发扶手

（3）输入"直线"快捷命令"L"，按空格键确认。单击"默认"选项卡"绘图"面板中的"点"→"定数分点"按钮，标出平行长直线的三等分点。输入"直线"快捷命令"L"，按空格键确认，捕捉标点分别向下作两条垂线，如图12.3.12所示。

图 12.3.12　绘制直线

（4）将最开始所作的长直线删除，输入"直线"快捷命令"L"，按空格键确认，绘制三段直线。输入"圆角"快捷命令"F"，按空格键确认，选择上述绘制直线，进行圆角处理，圆角半径"2"，绘制结果如图 12.3.13 所示。

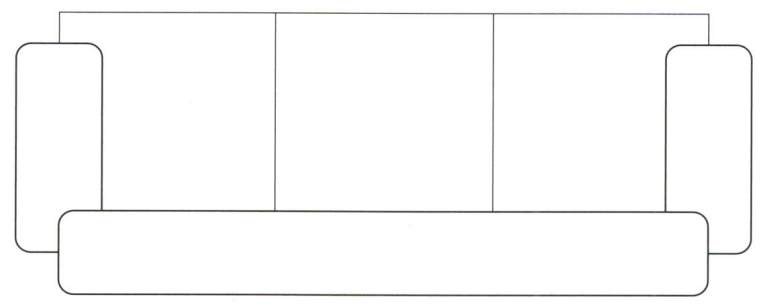

图 12.3.13　绘制三等分线

12.3.16　图案填充

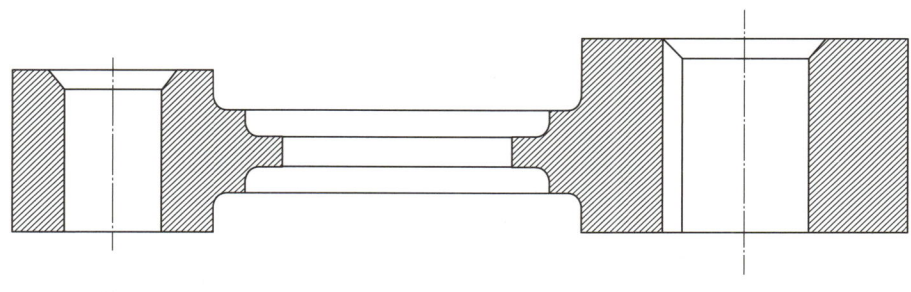

图 12.3.14　剖面图

使用图案填充命令，可以绘制如图 12.3.14 所示的剖面图图案。图案填充首先要确定填充图案的边界。然后设置图案填充的类型、图案、颜色、样例，以及角度和比例等。

（1）执行方式如下：
- 命令行：输入"BHATCH"（快捷命令："H"）。
- 菜单栏：选择菜单栏中的"绘图"→"图案填充"命令或"渐变色"命令。
- 功能区：单击"默认"选项卡"绘图"面板中的"图案填充"按钮。

（2）基本步骤如下：

1）在命令行输入"H"。

2）"功能区"将会打开"图案填充创建"面板，如图 12.3.15 所示。

3）如需进一步设置，可以输入参数"设置（T）"或者点击"图案填充创建"面板"选项"子面板右下角的箭头，将会打开"图案填充和渐变色"活动面板，如图 12.3.16 所示。

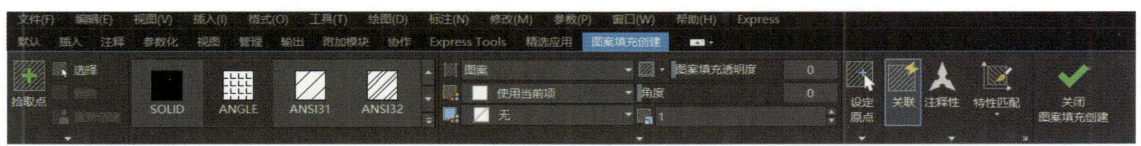

图 12.3.15　"图案填充创建"面板

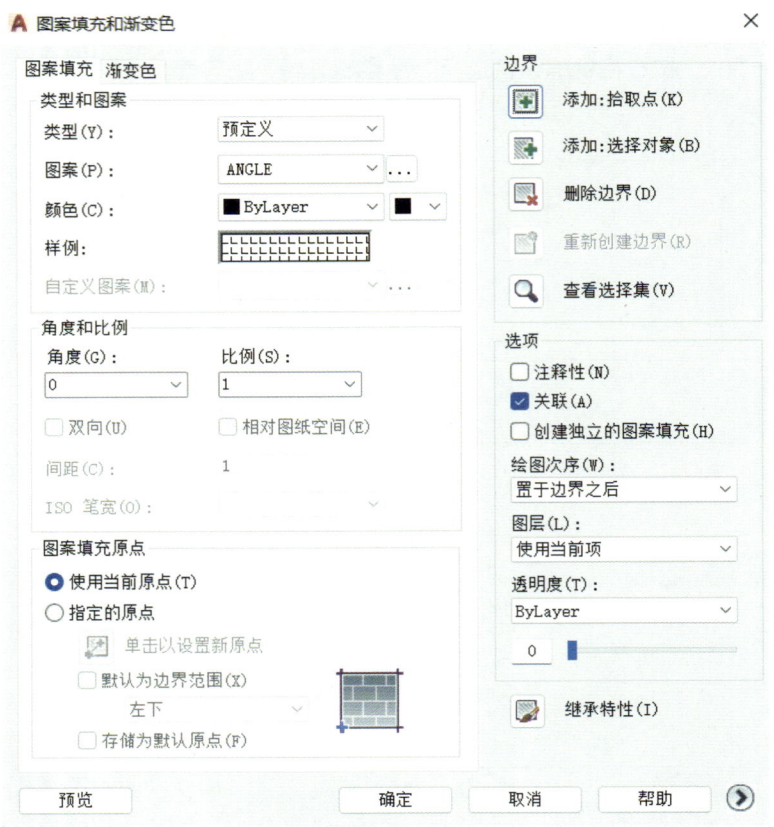

图 12.3.16 "图案填充和渐变色"活动面板

"图案填充创建"面板具体的分区功能见表 12.3.4。

表 12.3.4 "图案填充创建"面板功能详解

一级面板	二级面板	功　能
"边界"面板	拾取点	通过选择由一个或多个对象形成的封闭区域内的点，确定图案填充边界
	选择边界对象	指定基于选定对象的图案填充边界
	删除边界对象	从边界定义中删除之前添加的任何对象
	重新创建边界	围绕选定的图案填充或填充对象创建多段线或面域，并使其与图案填充对象相关联（可选）
	显示边界对象	选择构成选定关联图案填充对象的边界的对象，使用显示的夹点可修改图案填充边界
	保留边界对象	指定如何处理图案填充边界对象
"图案"面板		显示所有预定义和自定义图案的预览图像
"特性"面板	图案填充类型	指定是使用纯色、渐变色、图案还是用户定义的填充
	图案填充颜色	替代实体填充和填充图案的当前颜色
	背景色	指定填充图案背景的颜色
	图案填充透明度	设定新图案填充或填充的透明度，替代当前对象的透明度
	图案填充角度	指定图案填充或填充的角度
	填充图案比例	放大或缩小预定义或自定义填充图案

续表

一级面板	二级面板	功　　能
"特性"面板	相对图纸空间	（仅在布局中可用）相对于图纸空间单位缩放填充图案
	双向	（仅当"图案填充类型"设定为"用户定义"时可用）将绘制第二组直线，与原始直线成90°角，从而构成交叉线
	ISO 笔宽	（仅对于预定义的 ISO 图案可用）基于选定的笔宽缩放 ISO 图案
"原点"面板	设定原点	直接指定新的图案填充原点
	左下	将图案填充原点设定在图案填充边界矩形范围的左下角
	右下	将图案填充原点设定在图案填充边界矩形范围的右下角
	左上	将图案填充原点设定在图案填充边界矩形范围的左上角
	右上	将图案填充原点设定在图案填充边界矩形范围的右上角
	中心	将图案填充原点设定在图案填充边界矩形范围的中心
	储存为默认原点	将新图案填充原点的值存储在 HPORIGIN 系统变量中
"选项"面板	关联	指定图案填充或填充为关联图案填充
	注释性	指定图案填充为注释性。此特性会自动完成缩放注释过程，从而使注释能够以正确的大小被打印或显示在图纸上
	特性匹配	（1）使用当前原点：使用选定图案填充对象（除图案填充原点外）设定图案填充的特性； （2）使用源图案填充的原点：使用选定图案填充对象（包括图案填充原点）设定图案填充的特性
	允许的间隙	设定将对象用作图案填充边界时可以忽略的最大间隙。默认值为 0，此值指定对象必须为封闭区域而没有间隙
	创建独立的团填充	控制当指定了几个单独的闭合边界时，是创建单个图案填充对象，还是创建多个图案填充对象
	孤岛检测	（1）普通孤岛检测：从外部边界向内填充； （2）外部孤岛检测：从外部边界向内填充； （3）忽略孤岛检测：忽略所有内部的对象，填充图案时将通过这些对象
	绘图次序	图案填充或填充指定绘图次序。选项包括不更改、后置、前置、置于边界之后和置于边界之前
"关闭"面板		关闭图案填充创建：退出 HATCH 并关闭上下文选项卡；也可以按 Enter 键或 Esc 键退出 HATCH

12.4　文字与尺寸标注

12.4.1　文字标注

1. 文本标注

（1）执行命令如下：

- 命令行：单行文本：输入"TEXT"（快捷命令："T"），多行文本：输入"MTEXT"（快捷命令："MT"）。
- 菜单栏：选择菜单栏中的"绘图"→"文字"命令。
- 功能区：单击"默认"选项卡"注释"面板中的"文字"按钮。

微课视频

AutoCAD 文字与尺寸标注

（2）基本步骤如下：

1）选择一个点（多行文本为矩形框）来确定文本位置。

2）在弹出的对话框中输入标注的内容。

3）关闭文字编辑器。

2. 引线文本标注

（1）执行命令如下：

- 命令行：输入"QLEADER"（快捷命令："LE"）。
- 菜单栏：选择菜单栏中的"标注"→"引线"命令。
- 功能区：单击"默认"选项卡"注释"面板中的"引线"按钮。

（2）基本步骤如下：

1）设置（按快捷键S），调出引线设置。

2）指定第一个引线点，指定下一点，指定下一点。

3）指定文字宽度（默认0）。

4）输入标注文字。

3. 文字样式

执行命令如下：

- 命令行：输入"STYLE"（快捷命令："ST"）。
- 菜单栏：选择菜单栏中的"格式"→"文字样式"命令。
- 功能区：单击"默认"选项卡"注释"面板中的"文字样式"按钮。

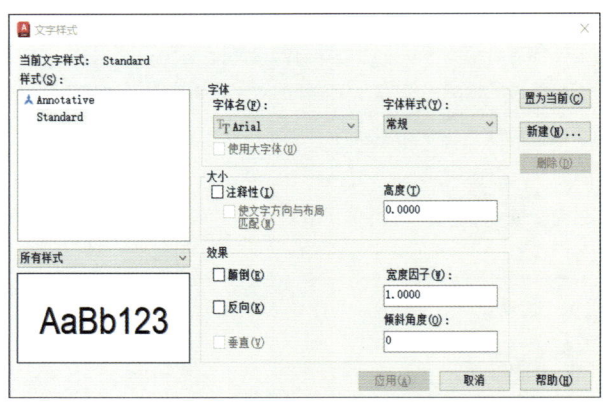

图 12.4.1　文字样式管理器

【例 12.13】绘制图 12.4.2 所示的标题栏

(图样名称)		比例		(图号)	
		数量			
绘图		(日期)	重量		材料
描图		(日期)		(学校)	
审核	(图样名称)	(日期)			

图 12.4.2　标题栏

(1)输入"矩形"快捷命令"REC"按空格键确认。第一角点为(0,0),绘制长度为130,宽度为40的矩形。

(2)输入"直线"快捷命令"L"按空格键确认。绘制端点为{(0,8)(69,8)}{(0,16)(130,16)}{(0,24)(130,24)}{(12,0)(12,24)}{(40,0)(40,24)}{(69,0)(69,40)}{(81,16)(81,40)}{(104,16)(81,40)}{(69,32)(104,32)}{(116,16)(116,24)}9条直线。如图12.4.3所示。

(3)单击"默认"选项卡"注释"面板中的"多行文字"按钮。多次重复命令,绘制图形如图12.4.2所示。

(4)在命令行中输入"WBLOCK",打开"写块"对话框,拾取图签模板图形,指定路径,保存。

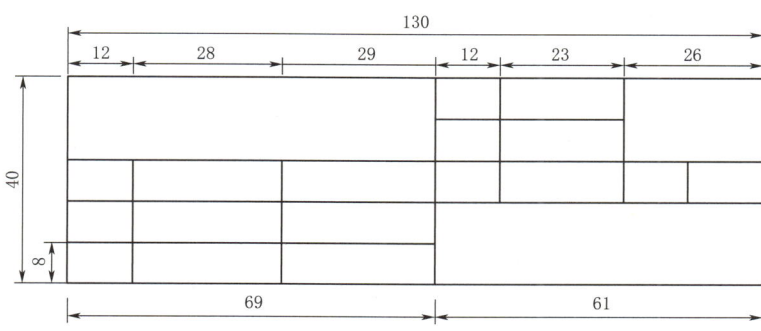

图12.4.3 图签轮廓

12.4.2 尺寸标注

1. 尺寸样式

标注样式面板可以更改尺寸线和尺寸界线的颜色、线型和线宽等,更改箭头的样式和大小,更改标注文字的大小和位置,如图12.4.4所示。

执行方式如下:

- 命令行:输入"DIMSTYLE"(快捷命令:"D")。
- 菜单栏:选择菜单栏中的"格式"→"标注样式"命令。
- 功能区:单击"默认"选项卡"注释"面板中的"标注样式"按钮。

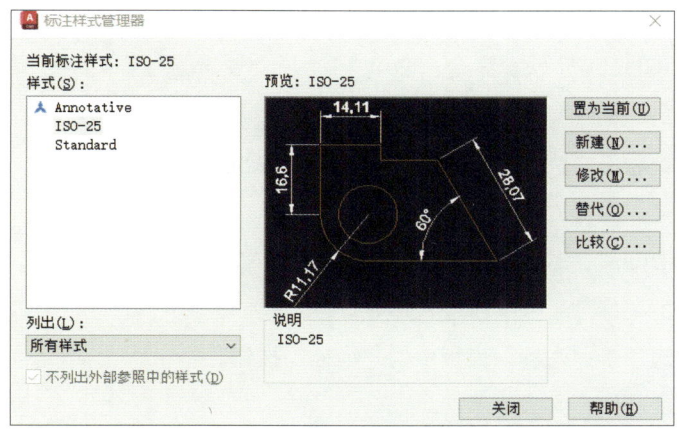

图12.4.4 标注样式管理器

（1）修改标注样式，执行方式如下：①选择要修改的样式，点击"修改"；②在修改标注样式对话框（图12.4.5）中，设置线、符号和箭头、文字、调整、主单位、换算单位及公差的各种参数，最后点击"确认"。

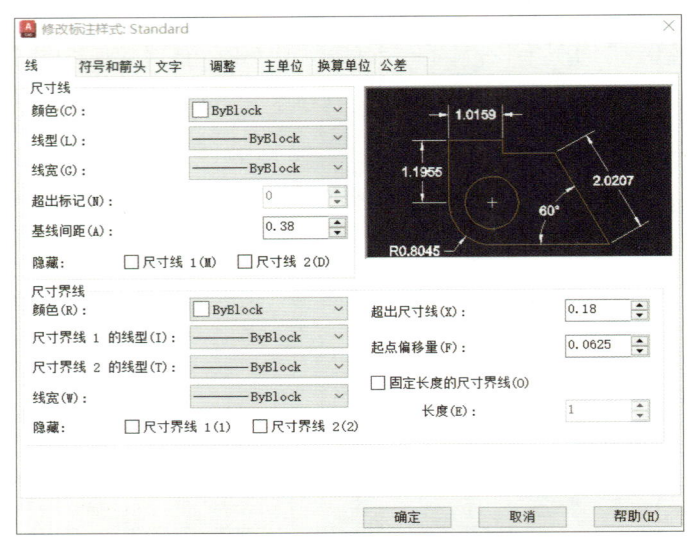

图12.4.5 修改标注样式对话框

（2）新建标注样式，执行方式如下：①点击"新建"；②输入新样式名，选择"基础样式"，点击"继续"；③在新建标注样式对话框中，设置线、符号和箭头、文字、调整、主单位、换算单位及公差的各种参数，最后点击确定，即创建了一个新的标注样式；④回到标注样式管理器编辑页面，选择新建好的样式，点击右侧快速访问工具栏"置于当前"，点击"关闭"。

2. 标注尺寸

图形的主要作用是表达物体的形状，而物体各部分的真实大小和各部分之间的确切位置只能通过尺寸标注来表达。正确进行尺寸标注是设计绘图工作中非常重要的一个环节。

（1）线性标注。线性标注可以标注水平和垂直方向的线的长度。执行方式如下：

- 命令行：输入"DIMINEAR"（快捷命令："DLI"）。
- 菜单栏：选择菜单栏中的"标注"→"线性"命令。
- 功能区：单击"默认"选项卡"注释"面板中的"线性"按钮。

（2）对齐标注。对齐标注可以标注水平和垂直方向的线的长度，亦可标注不是水平或垂直方向的线的长度。执行方式如下：

- 命令行：输入"DIMALIGNED"（快捷命令："DAL"）。
- 菜单栏：选择菜单栏中的"标注"→"对齐"命令。
- 功能区：单击"默认"选项卡"注释"面板中的"对齐"按钮。

（3）半径标注。标注圆的半径。执行方式如下：

- 命令行：输入"DIMRADIUS"（快捷命令："DAR"）。
- 菜单栏：选择菜单栏中的"标注"→"半径"命令。
- 功能区：单击"默认"选项卡"注释"面板中的"半径"按钮。

（4）直径标注。标注圆的直径。执行方式如下：

- 命令行：输入"DIMDIAMETER"（快捷命令："DDI"）。

- 菜单栏：选择菜单栏中的"标注"→"直径"命令。
- 功能区：单击"默认"选项卡"注释"面板中的"直径"按钮。

（5）角度标注。标注两条边的夹角。执行方式如下：
- 命令行：输入"DIMANGULAR"（快捷命令："DAN"）。
- 菜单栏：选择菜单栏中的"标注"→"角度"命令。
- 功能区：单击"默认"选项卡"注释"面板中的"角度"按钮。

（6）基线标注。用于产生一系列基于同一尺寸界线的尺寸标注，适用于长度尺寸、角度和坐标标注，在使用基线标注方式之前，必须创建线性、对齐或角度标注。执行方式如下：
- 命令行：输入"DIMBASELINE"（快捷命令："DBA"）。
- 菜单栏：选择菜单栏中的"标注"→"基线"命令。
- 功能区：单击"默认"选项卡"注释"面板中的"基线"按钮。

（7）连续标注。连续标注又称为尺寸链标注，它用于产生一系列连续的尺寸标注，适用于长度型尺寸、角度型尺寸和坐标标注。执行方式如下：
- 命令行：输入"DIMCONTINUE"（快捷命令："DCO"）。
- 菜单栏：选择菜单栏中的"标注"→"连续"命令。
- 功能区：单击"默认"选项卡"注释"面板中的"连续"按钮。

12.5 案例实践

【例 12.14】绘制图 12.5.1 所示外形尺寸图

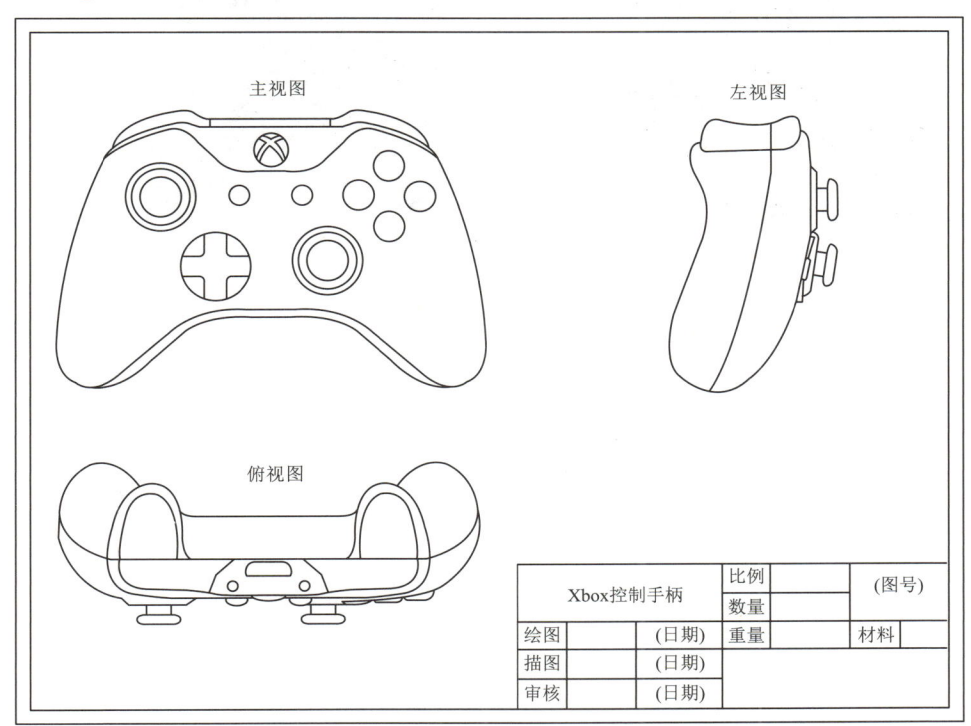

图 12.5.1　Xbox One 控制器工程图

微课视频

案例实践：
Xbox One
控制器外形
尺寸图绘制
（上）

微课视频

案例实践：
Xbox One
控制器外形
尺寸图绘制
（下）

图 12.5.2 所示为 Xbox One 控制器，其尺寸为 102mm×153mm×61mm（包装尺寸），绘制其外形尺寸图，绘制步骤如下。

（1）单击"默认"选项卡"绘图"面板中的"样条线"按钮。多次重复命令，绘制 Xbox one 正视图轮廓，如图 12.5.3 所示。

（2）单击"默认"选项卡"绘图"面板中的"圆"按钮，绘制控制器按钮。输入"直线"快捷命令"L"按空格键确认，绘制控制器按钮细节，如图 12.5.4 所示。

（3）单击"默认"选项卡"绘图"面板中的"样条线"按钮。多次重复命令，绘制 Xbox one 左视图和顶视图轮廓。如图 12.5.5 所示。

（4）单击"默认"选项卡"绘图"面板中的"矩形"按钮和"圆"按钮，补充 Xbox one 左视图和顶视图细节。如图 12.5.6 所示。

图 12.5.2　Xbox One 控制器

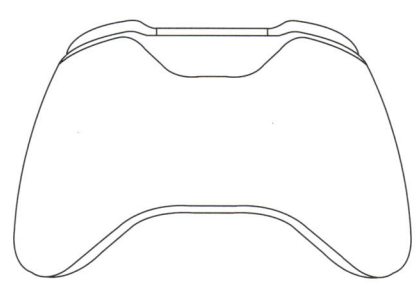

图 12.5.3　Xbox One 主视图外轮廓

图 12.5.4　Xbox One 主视图

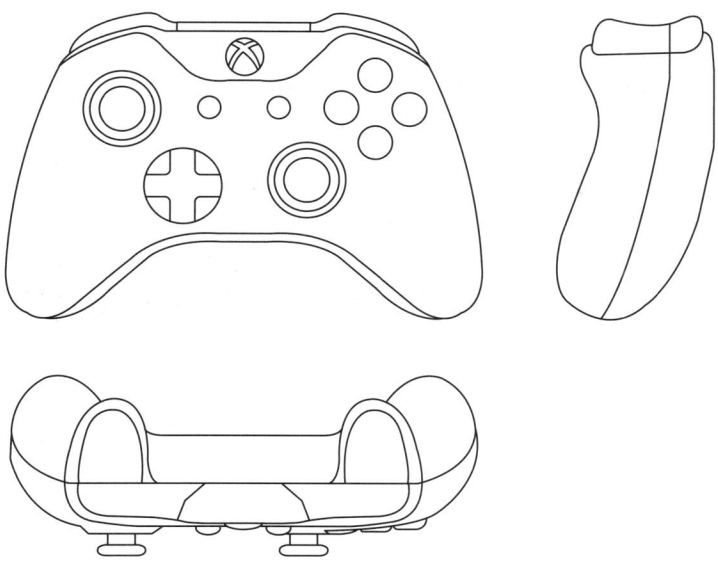

图 12.5.5　Xbox One 外形尺寸图（初步）

图 12.5.6　Xbox One 外形尺寸图

第13章 家具与家居智能制图

> **知识要点：**
> - 掌握酷家乐软件家具与家居智能制图方法。
> - 了解并举例说明智能制图云设计平台的特点和优势。
> - 掌握智能制图云平台（酷家乐）的制图流程。
> - 掌握智能制图的方法。
>
> **能力目标：**
> - 培养利用前沿软件绘图的能力。
> - 把握智能制图的趋势和特点。
> - 熟练使用智能制图云设计平台绘制图形。
> - 熟练整合线下线上制图工具并能协作制图。
>
> **思政目标：** 以线上云设计平台酷家乐的创新为例，培养勇立改革开放潮头的开放创新精神。

13.1 酷家乐设计软件概述

酷家乐设计软件是一款由杭州群核信息技术有限公司开发的 VR 智能室内设计软件，以"所见即所得"的全景 VR 设计新模式为设计制图带来了丰富体验，也是全空间云设计软件平台。酷家乐是优秀的效果图制作软件，它集成了国内大多数城市的楼盘平面图，提供多种一键装修的个性化套餐，可以选择定制的各种设计风格，还配套数千种不同的材质；用户可以自选摄像机角度进行即时网络渲染，10s 生成效果图，1min 生成 3D 虚拟样板间，甚至 10min 完成装修设计。

13.2 酷家乐云设计 5.0

13.2.1 酷家乐的基本操作

13.2.1.1 酷家乐云设计 5.0 的启动

酷家乐有两种登陆方式，用户可以通过网页端或软件端进行自由设计。访问酷家乐网站，单击"开始设计"，可以打开酷家乐云设计 5.0 的界面。或者，用户也可以在网页端下载并安装酷家乐云设计客户端，双击该图标，点击"开始设计"按钮，同样可以启动酷家乐云设计 5.0。

13.2.1.2 用户界面

酷家乐云设计 5.0 的工作空间包含素材栏、工具栏、属性栏和设置栏等元素。

微课视频

酷家乐云设计 5.0 基本操作与功能

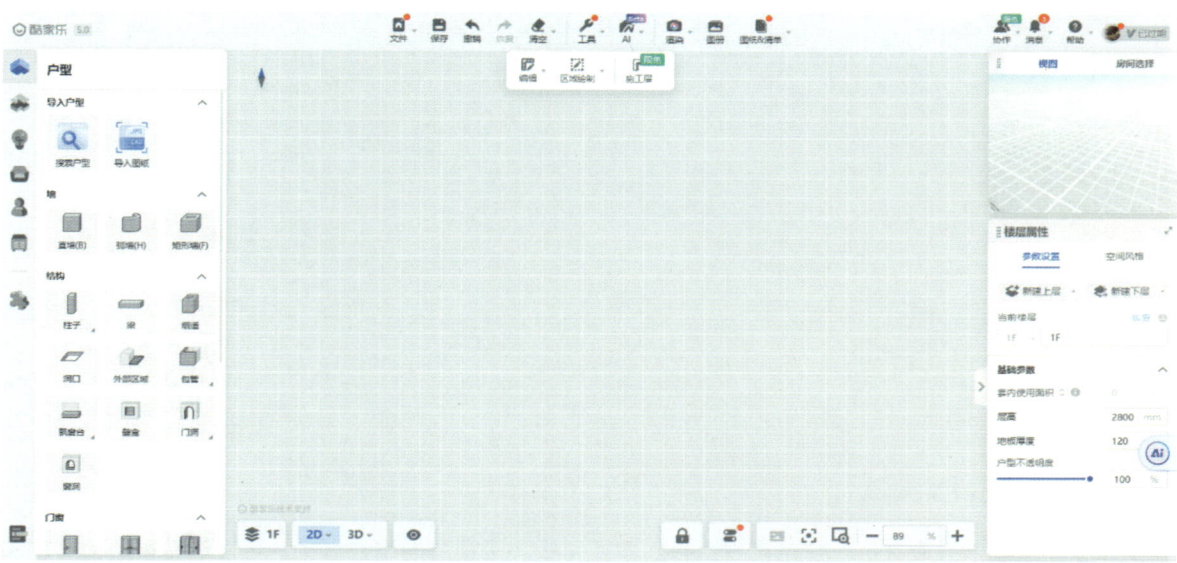

图 13.2.1　酷家乐 5.0 用户界面

（1）素材栏。酷家乐界面左边一栏是素材栏，包括"户型""布置""灵感库""行业库""公共素材库"和"我的"六个功能。具体内容如下：

1）户型界面可以创建户型，绘制墙，门窗，定制门窗，添加构件，等等。用户可通过户型搜索、CAD 图纸导入及草图导入等方式构建室内图纸。

2）布置功能是在平面图纸上布置家具、厨卫、灯饰家电及配饰等物品，支持辅助线、参考线和精准移动布置，支持对布置公共库的图例进行收藏管理，方便使用。

3）灵感库界面汇总了全站设计创意图，覆盖常见家装场景和设计风格，对于风格参考和日常学习有很大帮助。灵感库支持一键自由拾取效果图中软装和硬装的材质。

4）行业库界面包含全屋硬装工具、水暖电工具、厨卫定制、全屋家具定制、门窗定制及照明设计等模块。

5）公共素材库界面包含家具组合、建筑、硬装、家具、厨卫、灯饰家电、陈设饰品、公装、品牌专区及模型专题等海量家具素材，为快速出图提供大量帮助。

6）我的界面分为收藏、上传建模和历史三个分类。支持 fbx 格式模型的上传，可以建立自己专属的模型库。

（2）工具栏。酷家乐界面顶端一栏是工具栏，具有"文件""保存""工具""AI""渲染""图册"和"图纸＆清单"等功能图标，图标均有文字显示，清晰明了，可直接根据需求选择功能图标。其中文件下拉菜单包含"新建""保存""另存为"等文件的基本操作功能，如果遇到问题，点击"帮助"按钮，打开新手引导，查看工具教程。鼠标移动到头像上会显示下拉菜单，包括"偏好设置""快捷键和鼠标""自定义对象菜单"等选项。

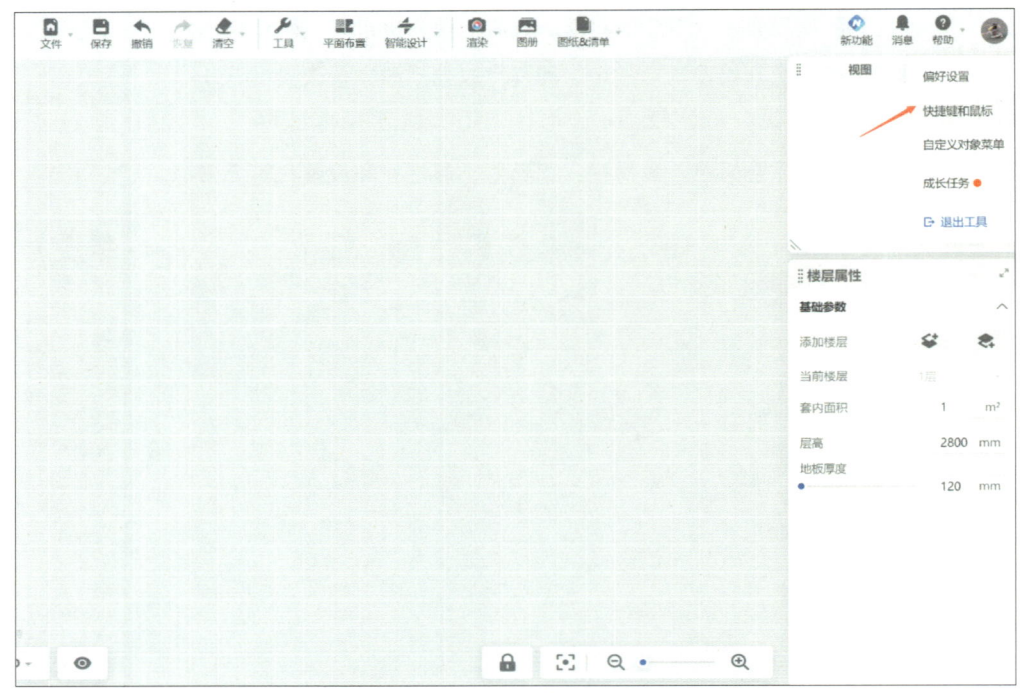

图 13.2.2　工具栏及属性栏

（3）属性面板。酷家乐界面右侧一栏是属性面板。右上角板块是楼层的属性面板，可以调整楼层的高度和地板厚度等参数；右下角板块会根据点击的素材实时更新属性面板，例如，选择素材门，会显示该素材的参数及详情。

（4）设置栏。酷家乐界面底部一栏是设置栏。功能由左至右分别为："2D/3D""显示/隐藏""显示模式""性能模式""相机设置""适应画布""放大缩小"。具体内容如下：

1）2D/3D 可以切换模型的 2D 平面图和 3D 视图，快捷键"1"是 2D 平面图视角，快捷键"2"是 2D 顶面图视角，快捷键"3"是 3D 鸟瞰图视角，快捷键"4"是 3D 漫游视角，一般是 2D 视角调整，3D 视角看效果。

2）显示/隐藏可自由选择需要显示或隐藏的家具，墙体和自由造型。

3）相机设置可以调整渲染出图的角度。

4）适应画布和放大缩小帮助我们在绘图过程中更加有效率绘制图形。

（5）快捷方式。酷家乐遵循用户习惯设置了一系列快捷键。"Ctrl"表示单选，"Shift"表示框选，"WSDA"可以前后左右移动视角，单击"空格"可以重置视图。更多快捷键可以在"快捷键和鼠标"菜单中找到，通过快捷键可以大幅提高设计效率。

13.2.1.3 操作口诀

酷家乐是一款对初学者十分友好的绘图软件,其操作口诀是:哪里修改点哪里,拖拉拽贯穿始终。

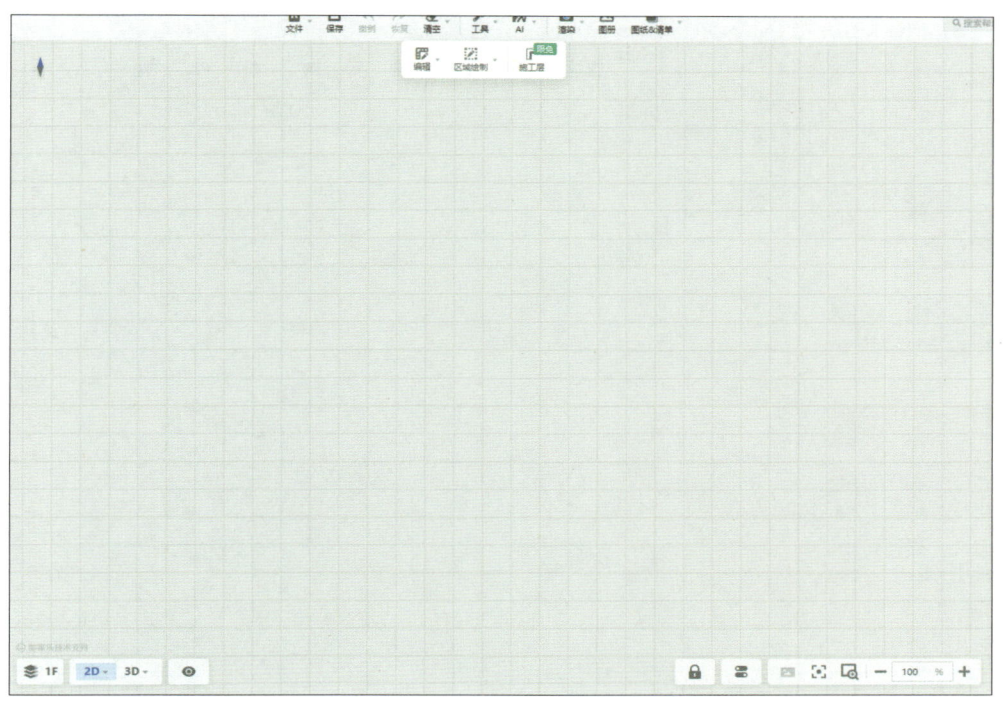

图 13.2.3 设置栏

13.2.2 酷家乐户型工具

13.2.2.1 创建户型

创建户型有以下三种方式:

(1)打开酷家乐网站,登陆账号,点击"开始设计"进入设计工具界面,在弹出窗口中有四种新建方案的方式可供选择:自由绘制、搜索户型库、导入 CAD 文件和导入临摹图。

(2)点击"搜索户型库"后,在搜索栏中选择地区并输入小区名或楼盘名,点击"搜索"。找到需要的户型图后,鼠标点击"户型图",点击"去装修"。

(3)如果没有找到想要的户型图,可以点击搜索页面下方的"自己画"或选择"帮画服务"。同时,也可以导入 CAD 文件,导入之后系统会自动生成户型图。

13.2.2.2 绘制户型

绘制户型具体步骤如下:

(1)导入临摹图。找到现有的户型图,上传到工具页面,导入成功后,首先设置比例尺,将界面中的黄色标尺的首末端点对准一段距离,然后输入实际尺寸,点击"确定"确认比例。若尺的单位是米,可点击界面左上角头像图标→设置→偏好设置,更改显示单位,改成毫米会更精准。点击界面最下方的临摹图设置按钮,在弹出框中勾选"显示临摹图"可隐藏临摹图,也可以点击"删除临摹图"

按钮删除临摹图。在弹出的属性框中,可以设置所绘制墙体的透明度。

(2)绘制房间。有以下的绘制功能:

1)在左侧素材栏选择户型模块中的"画墙"菜单,"画墙"菜单有"墙""结构"和"门窗"三类功能,如图 13.2.4 所示。

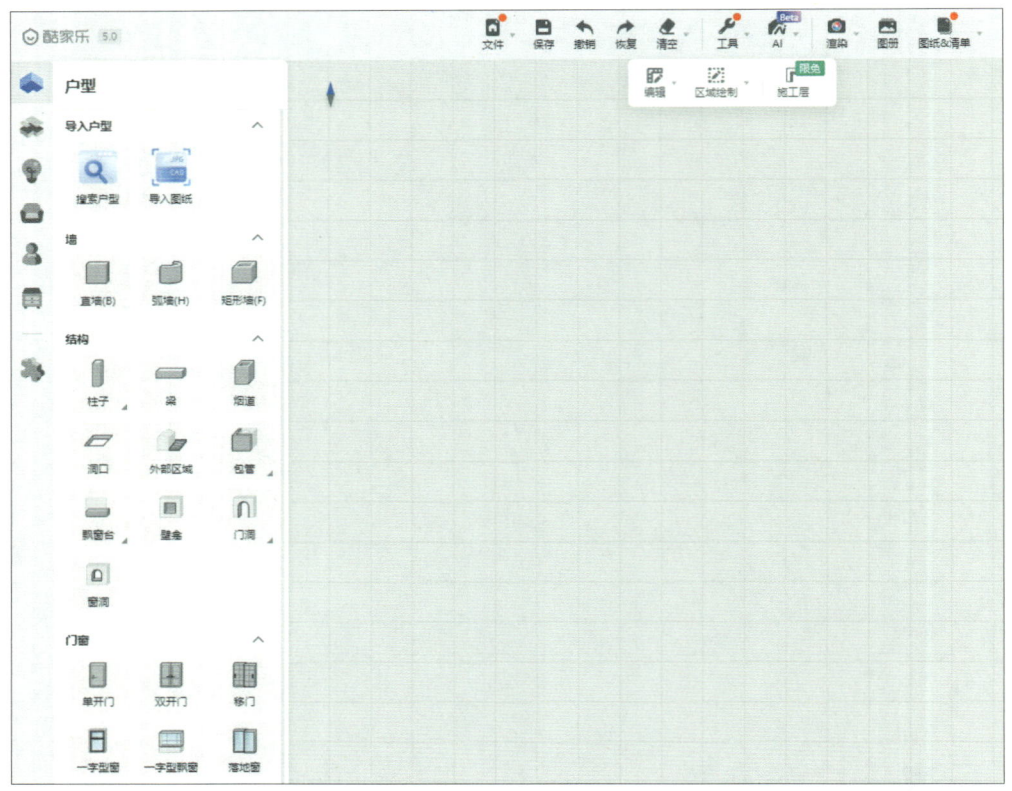

图 13.2.4　绘制功能模块

2)点击"直墙"图标,可在画布中任意绘制直线墙体,可以在绘制时输入墙体长度尺寸,绘制精确的尺寸图。若绘制的墙体能够围合成一个封闭的形状,会自动形成房间,点击鼠标右键可以结束绘制。

3)点击"矩形墙"图标,在户型图中确定房间一角为绘制起点,绘制矩形框到指定大小,点击鼠标左键,即形成房间。

4)点击结构子面板中的"洞口"图标,即可在画布中绘制洞口,注意绘制出来的洞是地板洞,可在三维视图中可查看。

5)整体绘制完成后,点击墙体,右侧弹出墙体的属性栏。可以设置墙体类型,包括普通墙、承重墙和矮墙;可以设置墙体厚度;可以点击"曲线"按钮设置弧形墙;可以"拆分墙体"或"删除墙体"。

6)点击"房间",右下角弹出房间信息,可设置房间名称,或自定义命名。

7)房间地面材质可通过操作板中的"商品替换"或"铺贴编辑"按钮来实现。材质纹理方向可通过操作板中的"旋转"或"地台设计"按钮来实现,每点击一次"旋转"按钮,纹理方向旋转 45°。

8)添加门窗时,直接在左边素材栏选择门窗模型并拖拽到墙上。添加结构部件时,同样可以直接在左边素材栏选择结构部件并拖拽到画布中。

13.2.3 酷家乐方案智能快搭设计

智能设计依托于酷家乐海量优秀设计方案，通过智能算法实现方案的自动设计应用，可以帮助设计师快速完成方案设计，提供设计灵感，大大提高设计效率。对于初学者来说，智能设计是一种很好的学习方式。

执行方式如下：

（1）在左侧的素材栏中的户型选项卡中，搜索目标户型或编辑好自己的户型模型。

（2）点击工具栏"AI"，可以选择"布局助手""风格助手"依次完成智能布局和风格设计。也可以点击"布局&风格"一次性完成布局风格的智能设计。此外还有"AI灵感绘图"，选择风格后，AI可以借助大模型算法和数据库直接生成效果图图片，无须渲染。

（3）选择"布局&风格"功能后，需选择布置"全屋"或"单间"，然后在左侧可以看到多种布局方案。布局确定后，点击下方"匹配风格"按钮，进入筛选设计样板间步骤，在左侧样板间列表栏选择各种风格样板间。

（4）布置和风格搭配完成后，可点击"渲染"按钮渲染效果图和全景图等，整体查看快搭智能设计的效果。在渲染界面左方可以选择自己喜欢的灯光效果，在下方可以选择手动打光进行更细致的调整，最后渲染出图。

微课视频

酷家乐云设计5.0 智能设计讲解

13.3 酷家乐动画

产品动画是利用计算机技术和多媒体软件来制作产品模型，可以更详细地展示产品的外观、特点、结构、功能以及动行方式。人们可以全方位和直观地以动态方式了解产品，其主要用于宣传推广和产品展示。酷家乐便捷的动画功能可以快速制作生长动画和漫游视频等高质量产品动画。

微课视频

酷家乐动画生成讲解

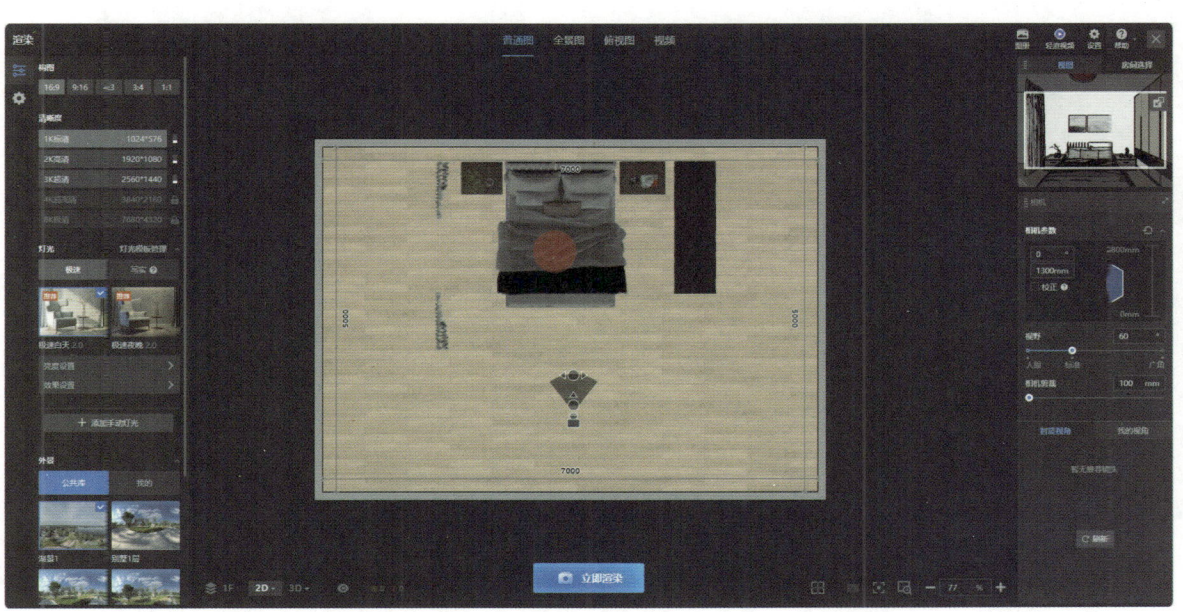

图13.3.1 渲染功能界面

13.3.1 生长动画

（1）渲染图片剪辑成片。执行方式如下：

1）打开一套做好的方案，进入装修设计，点击"渲染"，选择"普通图"，设置好渲染参数，保存相机视角，点击"立即渲染"。

2）依次删掉画面中的家具，每删除一件家具，选择同角度渲染一张普通高清效果图。

3）点击右上角"图册"按钮，进入图册界面，勾选所需要的效果图，点击"剪辑"按钮，进入剪辑界面进行剪辑操作。

图 13.3.2　图册功能界面

图 13.3.3　剪辑功能界面

（2）直接生成。执行方式为：进入工具→渲染→调整好相机角度和渲染参数→视频→选择合适的生长动画模板→预览动画→确认动画。

13.3.2 漫游动画

执行方式如下：

（1）在图册中找到已渲染好的全景图，打开全景图编辑器页面。

（2）在全景图编辑器页面的左侧栏，点击"短视频"。

（3）在短视频设置中，调整短视频的播放速度、镜头远近、视频方向、作者名字水印、是否允许别人下载及视频分辨率等参数。

（4）最后点击"确认生成"，可以在短视频管理中下载查看。

（5）短视频生成后，点击"下载短视频"，可以直接将生成的短视频下载到电脑。

13.3.3 视频

进入渲染界面后，点击上方最右侧"视频"按钮，展示多种模板视频，例如"漫游灯光生长""大空间漫游""粒子转场"等。选择一种模板后，可以选择"生成预览视频"，也可以选择"先编辑再生成"进行自由调整，然后生成定制视频。

13.4 酷家乐案例绘制

酷大师是酷家乐的一款自由造型工具产品，它可以对模型进行更多细节操作，设计师可以通过酷大师设计定制化和个性化模型。访问酷大师官网，登录后点击"开始设计"。也可以在云设计工具界面，依次点击左侧栏"我的""上传/建模"和右下角"酷大师建模"按钮，打开酷大师界面（图13.4.1）进行高效建构模型。

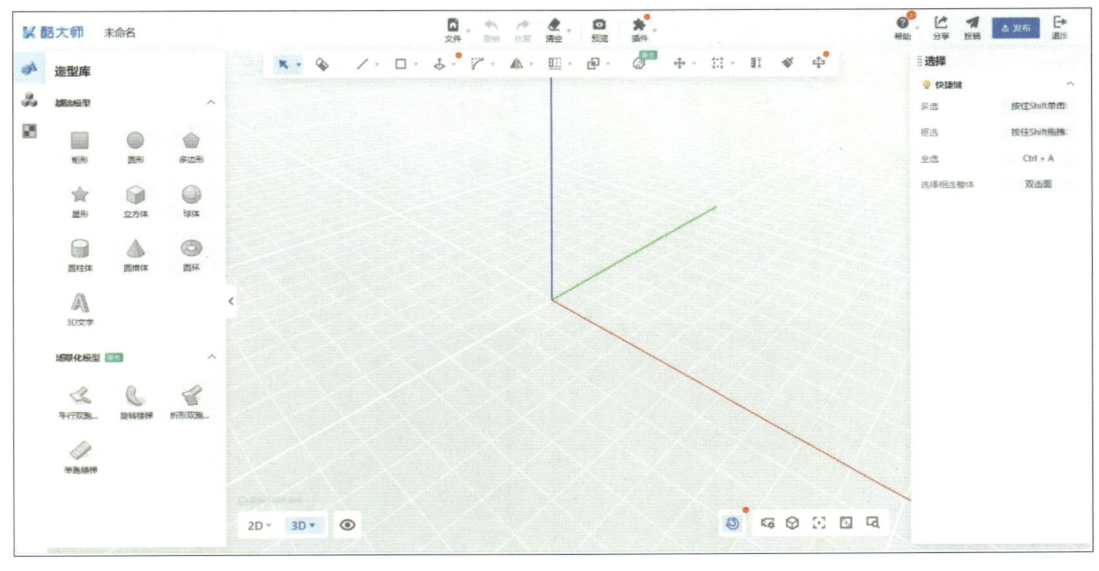

图13.4.1 酷大师主界面

13.4.1 展示柜

【例 13.1】绘制如图 13.4.2 所示的展示柜。

(1) 使用矩形工具在 xy 平面绘制长为 5520mm，宽为 300mm 的矩形作为异型柜的底面。点击界面上方的拉伸工具或使用键盘快捷命令 "P" 启用拉伸工具，将矩形向上拉伸 1000mm，获得一个长方体。

图 13.4.2　展示柜

(2) 点击立方体，出现悬浮工具栏，点击"组编辑"。

(3) 视角切换至前视图，启用捕捉功能，使用参考线工具拉出一条与 y 轴重合的参考线。选择参考线使用线性阵列工具，选择固定总长，点击矩形长边的两端点，数量设置为 16，进行阵列。

(4) 根据等分的参考线进行直线和弧线绘制，如图 13.4.3 所示。

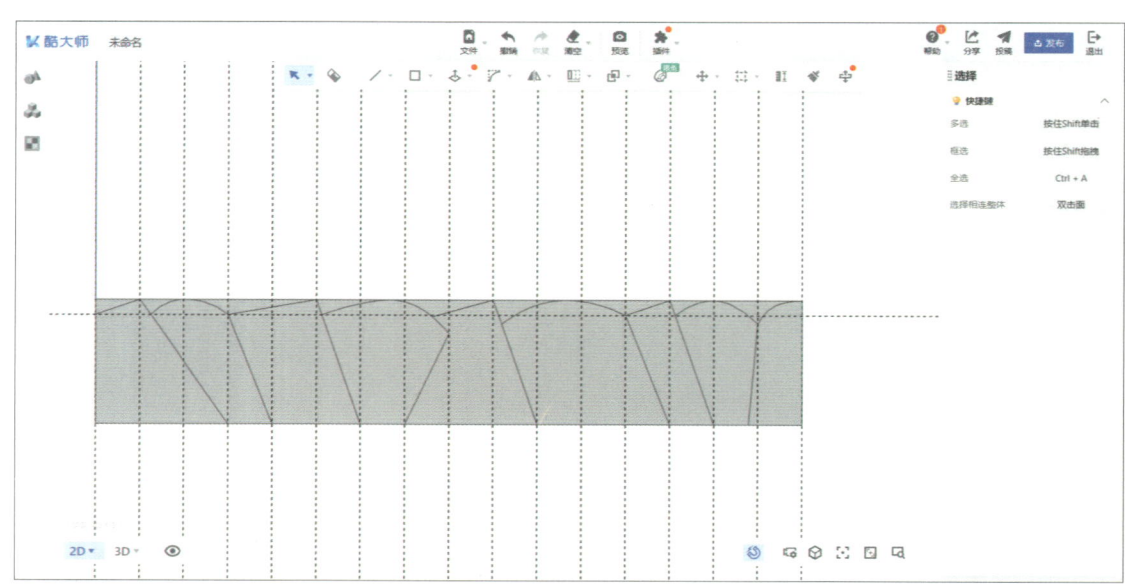

图 13.4.3　轮廓绘制

(5）点击拉伸工具右侧的下拉栏中的"偏移"按钮，选择图 13.4.3 的左侧第一个四边平面进行偏移，向内侧偏移 15mm。其他平面双击重复上次动作，如图 13.4.4 所示。

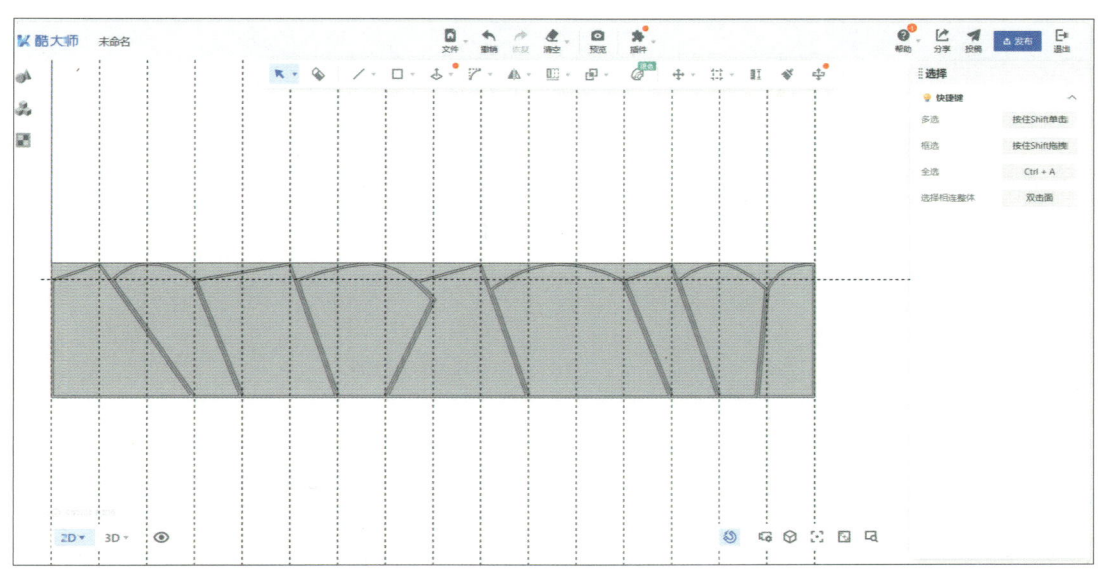

图 13.4.4　平面偏移

(6）使用参考线工具绘制从底面向上高为 330mm 水平参考线，沿第一条参考线向上拉出高为 330mm 的第二条参考线，以两条参考线位为底边，绘制长宽为 5490mm 和 15mm 的矩形。使用橡皮擦工具删除侧板与隔板相交部分，结果如图 13.4.5 所示。

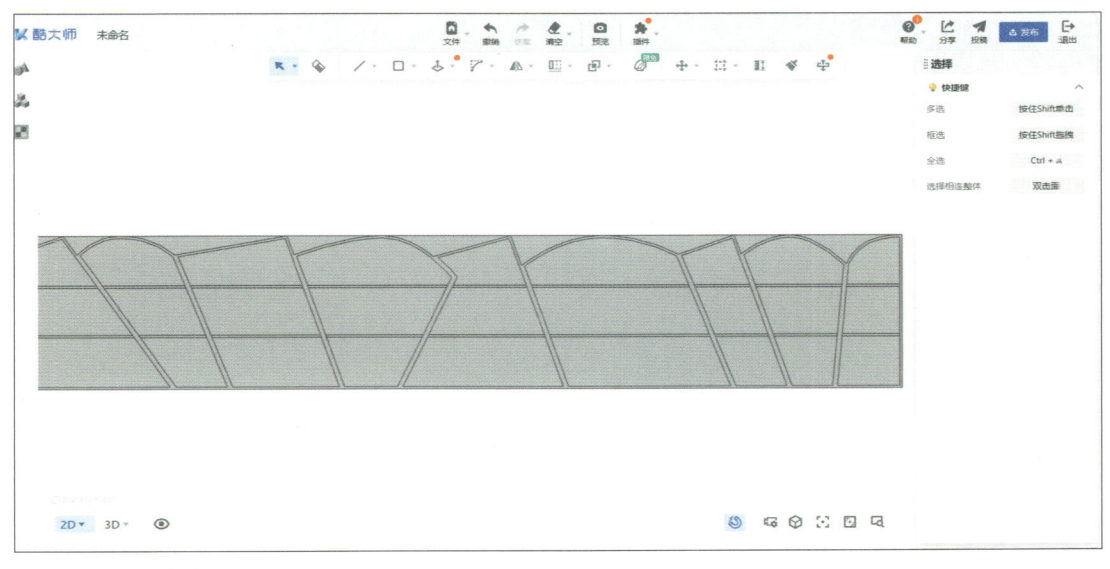

图 13.4.5　绘制水平板材

(7）使用拉伸工具，选择如图 13.4.6 中的最左侧标蓝平面，向后拉伸 300mm，拉伸面与面重叠，自动删除多余平面。重复操作图 13.4.6 的全部标蓝平面，结果如图 13.4.7 所示。

(8）按住 Shift 选择所有收纳格子平面，使用拉伸工具向后拉伸收纳小格子，厚度为 285mm，如图 13.4.3 所示。

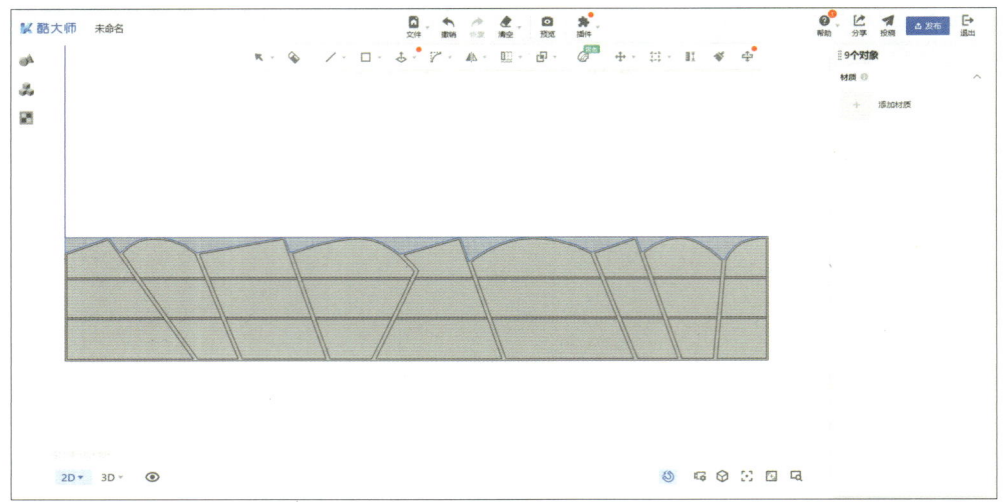

图 13.4.6　选择平面

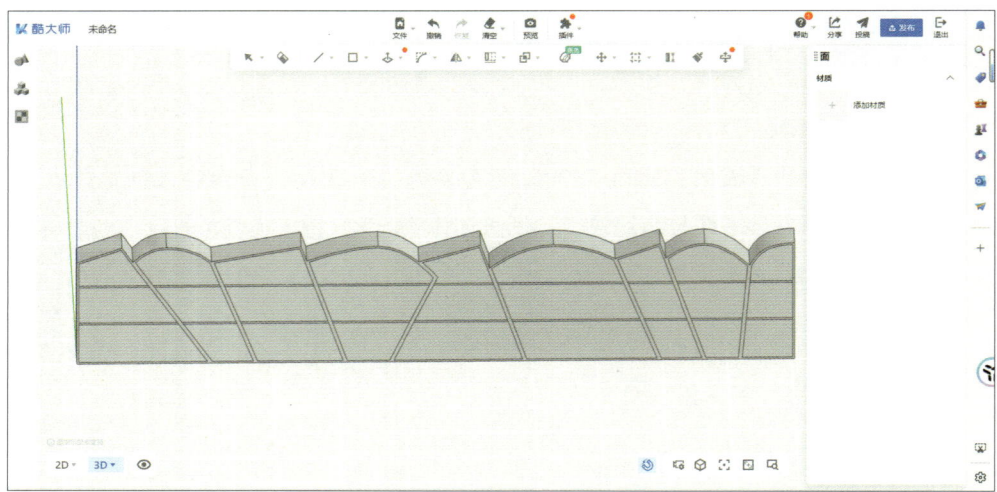

图 13.4.7　柜顶制作

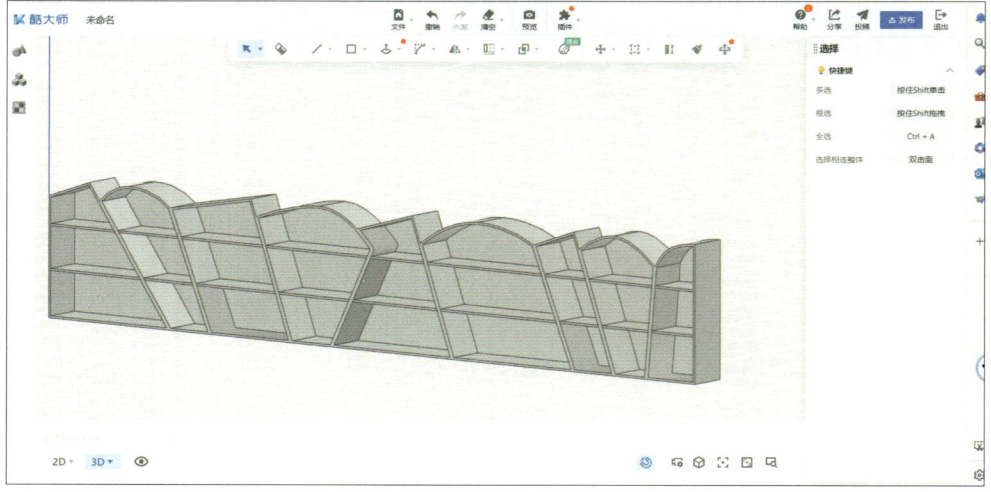

图 13.4.8　收纳格子制作

13.4.2 户外座椅

【例 13.2】绘制如图 13.4.9 所示的户外座椅。

图 13.4.9 休闲椅

（1）使用立方体工具绘制一个 x、y、z 分别为 40mm、500mm 和 100mm 且分段均为 1 的立方体，使用移动工具将立方体移动到原点。

（2）选择立方体，点击"复制"按钮，复制体相较于本体向 x 轴的负方向平移 500mm。点击"旋转"按钮，以如图 13.4.10 所示的位置进行旋转 90°，并向上平移 100mm，结果如图 13.4.11 所示。

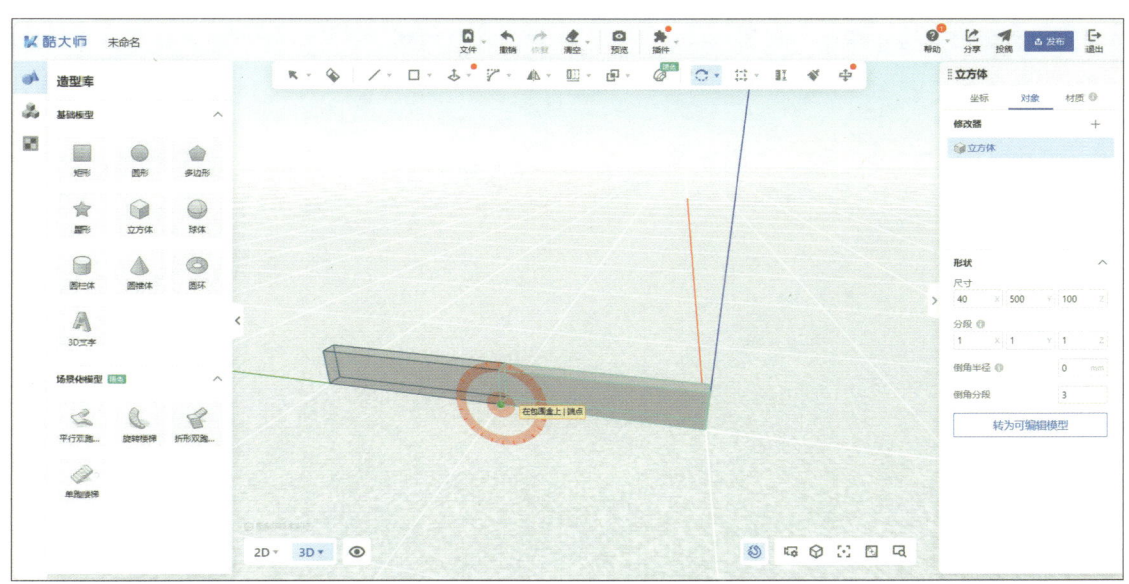

图 13.4.10 旋转原点

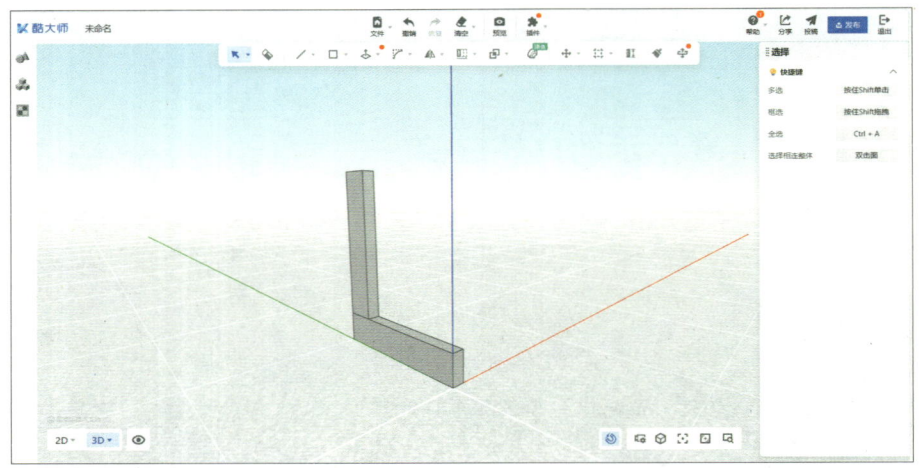

图 13.4.11　旋转立方体

（3）选中水平原始立方体，使用线性阵列工具，选择"固定总长 X"：4000mm，"Y"：0mm，"Z"：0mm，数量为 45，进行阵列。如图 13.4.12 所示。

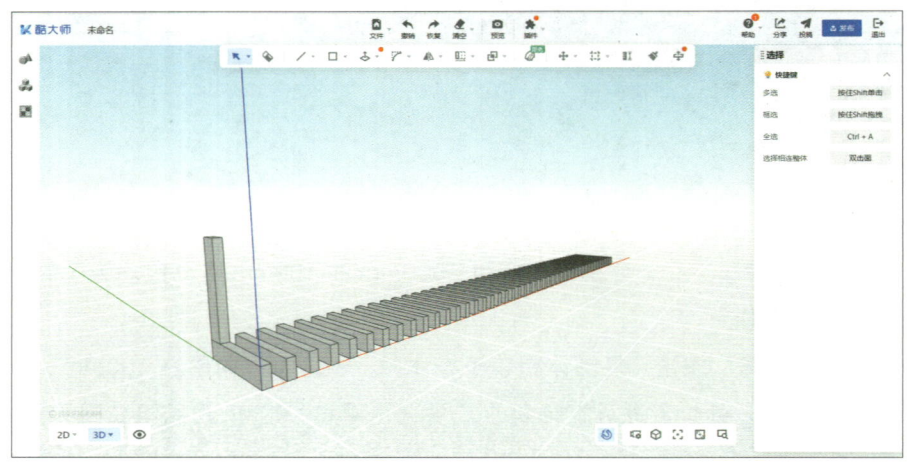

图 13.4.12　阵列

（4）点击复制立方体，双击"转化为可编辑模型"后，在界面右侧的属性栏对象也点击"转化为可编辑模型"按钮。选择复制立方体的上顶面，沿 X 轴方向移动 140mm，成为倾斜造型。如图 13.4.13 所示。

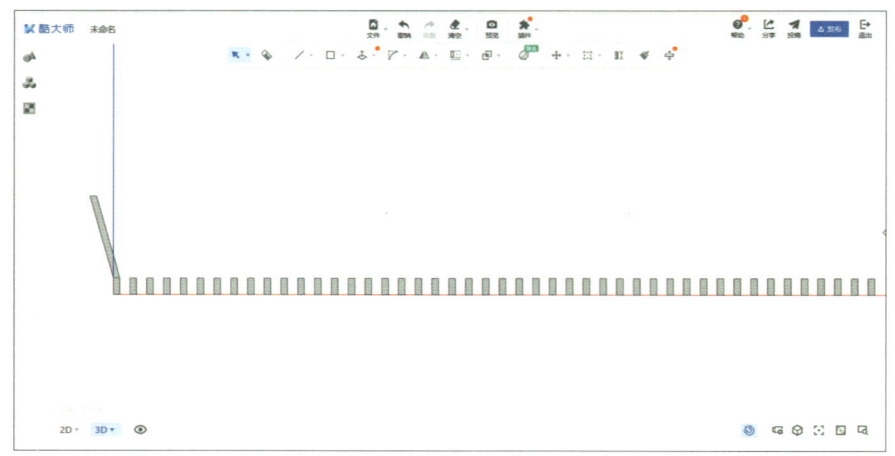

图 13.4.13　平移平面

（5）使用线性阵列工具，重复第（2）步操作，阵列数量为 45，进行阵列。如图 13.4.14 所示。

（6）用"直线"绘制工具在靠背所在的 xz 平面绘制一个三角平面，利用"拉伸"工具将平面拉伸为一个体。选中体使用"缩放"工具进行缩放，按住缩放框角点并按住 Ctrl 键等比例中心缩放整个体，最后将体进行成组，如图 13.4.15 所示。

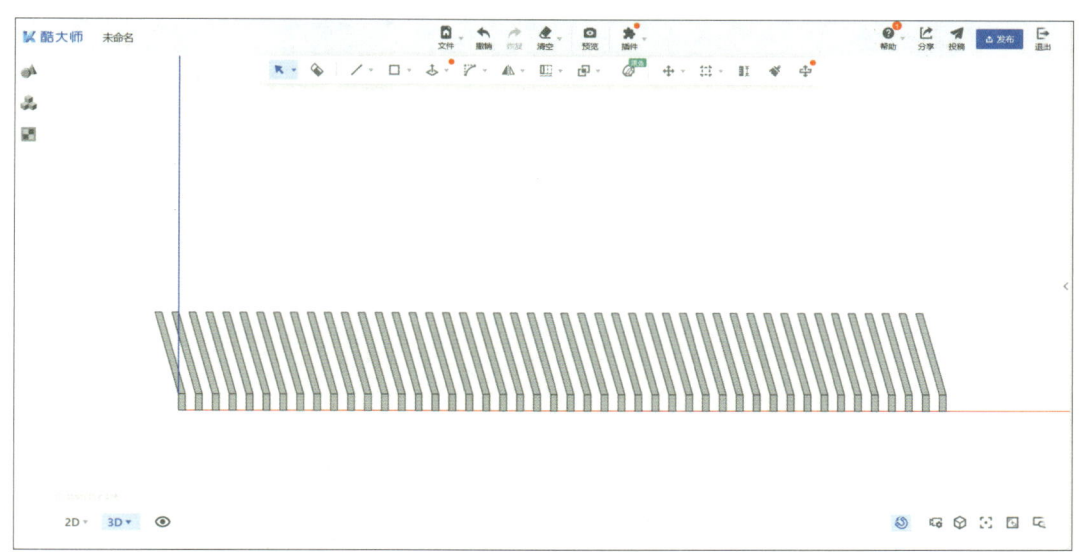

图 13.4.14　线性阵列

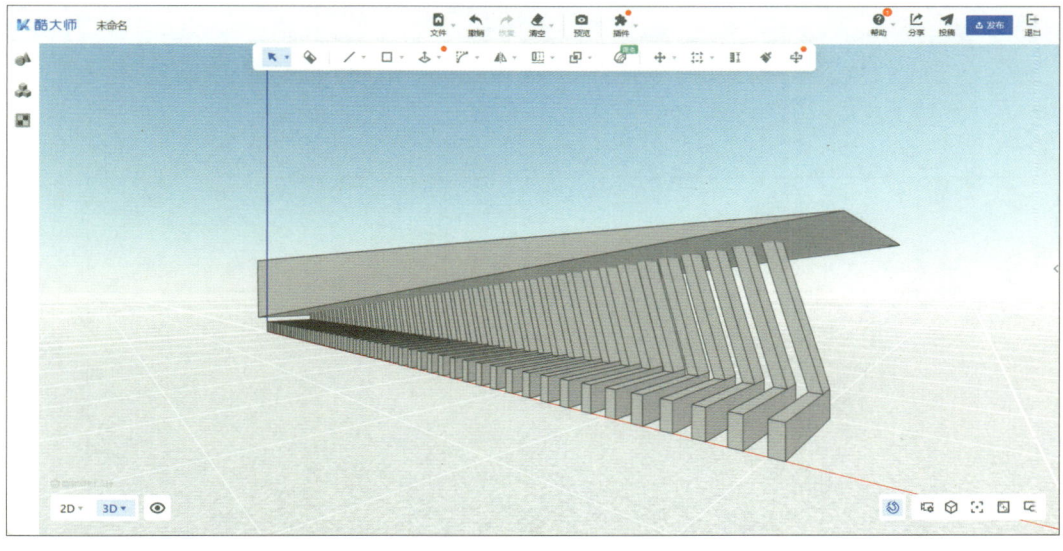

图 13.4.15　构建实体

（7）双击进入靠背组编辑，进行 3D 倒角，倒角半径 2mm，倒角边数 6。椅面同理做圆角处理，如图 13.4.16 所示。

（8）点击布尔运算差集，先点击三角形体，再点击靠背，如图 13.4.17 所示。

（9）直接在椅座的下方绘制一个矩形，对矩形面进行拉伸，向下拉伸 420mm，将左右平面分别拉伸 30mm，前后平面分别拉伸 50mm。双击进入靠底座组编辑，进行 3D 倒角，倒角半径 6mm，倒角边数 6，如图 13.4.18 所示。

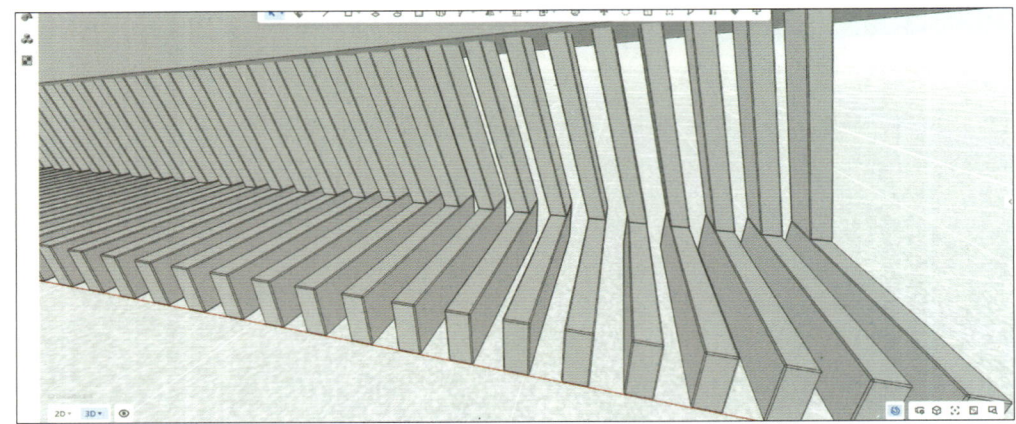

图 13.4.16　3D 圆角

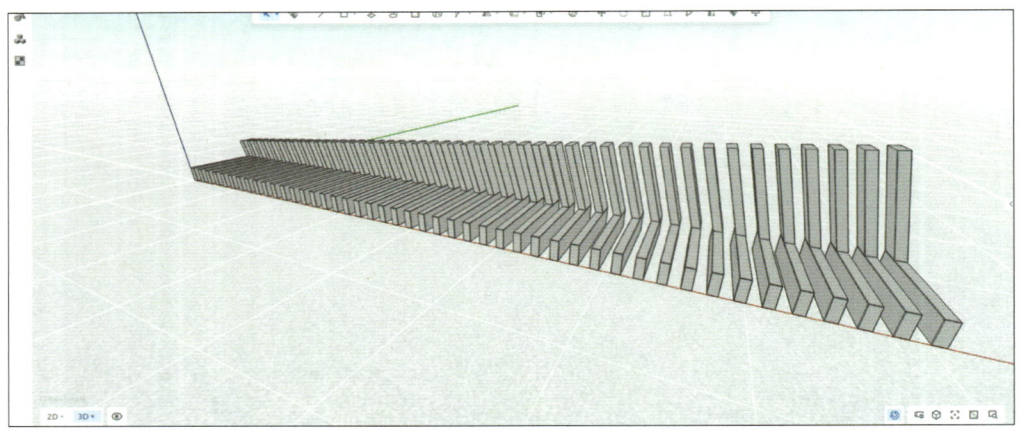

图 13.4.17　布尔差集

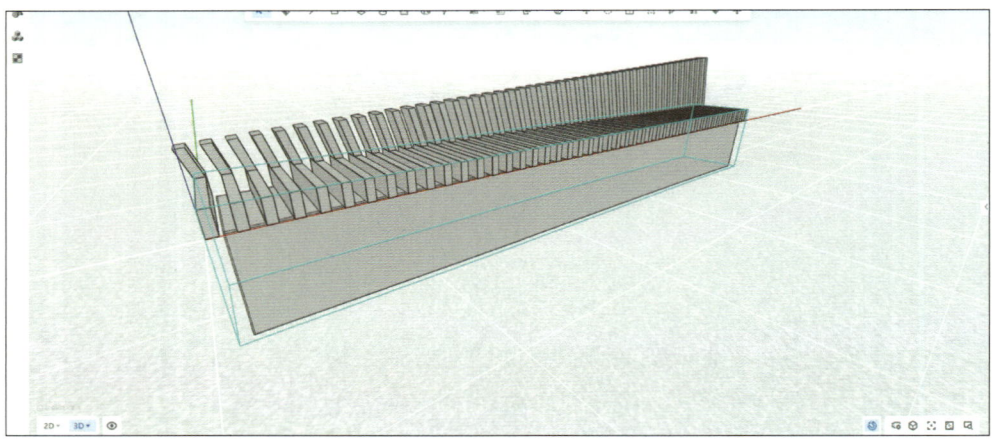

图 13.4.18　搭建底座

参考文献

[1] 王翔，王为. 我国天宫空间站研制及建造进展[J]. 科学通报，2022，67（34）：4017-4023.

[2] 邱丽芬. 我国成功发射第56颗北斗导航卫星[EB/OL].（2001-05-17）[2023-11-20].

[3] 柴雅欣，韩亚栋. C919，见证中国高端制造的创新发展[EB/OL].（2022-10-01）[2023-11-20].

[4] 张由琼，万稳龙，徐杰. 世界超级工程：港珠澳大桥[J]. 南方传媒研究，2018（5）：86-91.

[5] 王宇. 劈波斩浪，中国海军挺进深蓝[EB/OL].（2018-12-12）[2023-11-20].

[6] 谢博韬，刘亮.【奋进新征程 建功新时代·伟大变革】中国制造业迈向高质量发展.（2022-03-26）[2023-11-20].

[7] 章拓，贺向东，邓汝崇. 传统图学理论的研究和发展动态[J]. 厦门教育学院学报，2009，11（2）：44-49.

[8] 同济大学建筑制图教研室. 画法几何[M]. 上海：同济大学出版社，2012.

[9] 胡谐. 展示设计与设计图学[J]. 苏州工艺美术职业技术学院学报，2006（4）：7-10.

[10] 任兴贵. 计算机辅助机械产品概念设计研究综述[J]. 科学技术创新，2020（10）：70-71.

[11] 魏宗仁，高政一，彭福荫. 形象思维与制图教学[J]. 教育研究，1994（1）：47-50.

视频资源索引

设计图学的学习内容与课程特点 …………… 1	制图国家标准–尺寸标注 …………………… 95
设计图学的研究对象与内容 ………………… 17	几何作图 ……………………………………… 97
投影的基本原理 ……………………………… 31	视图与剖视图 ………………………………… 101
点线面的投影规律 …………………………… 35	断面图与局部放大图 ………………………… 107
点线面的相对位置（上）…………………… 39	表达方法综合运用 …………………………… 111
点线面的相对位置（下）…………………… 41	产品测绘 ……………………………………… 111
曲线与曲面的投影规律 ……………………… 43	AutoCAD制图操作基础 …………………… 127
点线面的造型文法（上）…………………… 45	二维平面图形的绘制（上）………………… 131
点线面的造型文法（下）…………………… 47	二维平面图形的绘制（下）………………… 135
平面立体及表面取点 ………………………… 49	汽车轮毂主视图的绘制 ……………………… 135
曲面立体及表面取点 ………………………… 51	AutoCAD基本编辑命令 …………………… 141
相贯立体分类和相贯线的特殊情况 ………… 73	AutoCAD文字与尺寸标注 ………………… 153
两曲面立体相贯 ……………………………… 77	案例实践：Xbox One控制器外形
两平面立体相贯 ……………………………… 77	尺寸图绘制（上）…………………………… 157
组合体及组合方式 …………………………… 81	案例实践：Xbox One控制器外形
组合体视图的画法 …………………………… 83	尺寸图绘制（下）…………………………… 157
组合体视图的识读 …………………………… 85	酷家乐云设计5.0基本操作与功能 ………… 161
组合体视图的尺寸标注 ……………………… 87	酷家乐云设计5.0智能设计讲解 …………… 165
制图国家标准–图幅及格式 ………………… 91	酷家乐动画生成讲解 ………………………… 165